Schrader-Motor-Chronik

Deutsche Raupenschlepper

Raupen aus deutscher Produktion für Feld, Forst und Moor

Gummi-Gleisband-Raupenschlepper ZT 300 GB des VEB IFA Traktorenwerkes Schönebeck/Elbe.

Schrader-Motor-Chronik

Deutsche Raupenschlepper

Raupen aus deutscher Produktion für Feld, Forst und Moor

Eine Dokumentation von Wolfgang H. Gebhardt

Schrader Verlag

Eine Haftung des Autors oder des Verlages und seiner Beauftragten für Personen-, Sach- und Vermögensschäden ist ausgeschlossen.

ISBN 3-613-87207-2

Ein Unternehmen der Paul Pietsch Verlage GmbH + Co
1. Auflage 2000

Lektorat: Halwart Schrader
Innengestaltung: Viktor Stern
Repro: digi bild reinhardt, 73037 Göppingen
Druck: Maisch & Queck, 70839 Gerlingen
Bindung: Karl Dieringer, 70839 Gerlingen
Printed in Germany

Inhalt

Raupenschlepperbau in Deutschland 7
Agria 20
Battenberg 22
Blank 23
Büssing 26
Delma 29
Dinos 30
Dürkopp 33
Ensinger 34
FAMO 35
FAUN 38
Frieg 39
Hanomag 45
Heumann 52
Hummel 53
Ingelheim 53
Kaelble 54
KHD (Deutz) 56
KPK 58
Lanz 59
Hermann Lanz 60
Linke-Hofmann-Busch 61
Maurer 66
Michelstadt 67
MULAG 68
Neckarsulm (NSU) 73
Niko 74
Podeus 76
Pöhl 78
Rathgeber-FAMO 79
Ritscher 80
Röhr 81
RMW 82
Scheuch 83
SHW 85
Stock 86
Titus 88
VEB Brandenburg 89
VEB Schönebeck 90
VEB Weimar 93
Wurr 94
Kuriositäten 95

Vorwort

Raupenfahrzeuge stellen seit der Zeit nach dem Ersten Weltkrieg eine besonders zugkräftige und geländegängige Art von Schleppern dar. Das gewaltige Kettenlaufwerk, die gewaltigen Zugkräfte und die Möglichkeit, souverän Steilhänge zu erklimmen, Gräben zu überwinden und sich im unbefestigten Gelände bewegen zu können, haben schon immer die Aufmerksamkeit auf sich gezogen. Wolfgang H. Gebhardt präsentiert in dieser alphabetisch geordneten Dokumentation einen Querschnitt durch die Geschichte der deutschen Raupenschlepper für Land- und Forstwirtschaft. Abbildungen der Fahrzeuge im kraftvollen Einsatz sowie die Tabellen mit den wichtigsten Daten vermitteln einen Eindruck von den vielfältigen Ingenieurleistungen auf diesem Gebiet, auf dem es heute kaum noch Produzenten gibt. Um so mehr freut es mich, dass ein Fachmann wie Wolfgang H. Gebhardt sich dieses interessanten Themas angenommen hat.

Halwart Schrader, Herausgeber

Der Autor dankt für die Bereitstellung von Bildern und Unterlagen den Agria-Werken, Möckmühl; Herrn Ernst Bergner, Fellbach; Herrn Karl Blank, Dirmstein; der Claas-Vertriebsgesellschaft, Harsewinkel; dem John Deere-Archiv, Mannheim; Herrn Willi Frieg, Sulzfeld; Herrn Horst Hintersdorf, Erfurt; Herrn Karl-Heinz Kiunke, Hamburg; Herrn Meinhard Kolata, Burgwenden; Herrn Hans Pairan, Rollhofen; Herrn Dieter Serr (für Niko); Herrn Uwe R. Siemer, Elsfleth; dem Stadtarchiv Gößnitz (für Pöhl) sowie Herrn Rudolf Scheuch, Triptis.

Raupenschlepper, die sich ihre Fahrspur durch Gleisketten selber legen und im unbefestigten Gelände universell zu verwenden sind, boten zwischen den Kriegen sowie nach dem Zweiten Weltkrieg bis in die sechziger Jahre die Möglichkeit, in der Landwirtschaft und im Forst schwieriges Terrain zu bearbeiten. Darüber hinaus zeichnen die günstige Umsetzung der Motorleistung in die Zugkraft, geringer Schlupf sowie ein geringer spezifischer Bodendruck ein Raupenfahrzeug aus. Mit dem Aufkommen der leistungsfähigen, allradgetriebenen Radschlepper, die durch ihre Abfederung weniger störanfällig und auch vielseitiger einsetzbar sind, hat sich das Umfeld der Raupen jedoch immer mehr auf Randgebiete, insbesondere in der Bauindustrie, verlagert.
Das historisch interessante Spezialgebiet im Schlepperbau hat in der Literatur bisher keine Aufmerksamkeit gefunden, deshalb sollen hier kurze Portraits der einzelnen Hersteller mit ihren Produkten etwas Licht in dieses recht vernachlässigte Gebiet bringen.
Als ein erstes motorisiertes Gleiskettenfahrzeug, das den Bodendruck auf eine größere Auflagefläche verteilte, kann der Kettentraktor des russischen Mechanikers Fjodor Abramowitsch Blinow (1831-1902) angesehen werden, den dieser 1879 in der Nähe der Stadt Saratow vorführte. 1880 erhielt er in St. Petersburg ein Patent für »einen speziell ausgerüsteten Wagen mit endlosen Schienen für den Lastentransport auf Straßen und Feldwegen« (das Prinzip der endlosen Kette war allerdings bereits 1850 in den USA entwickelt worden). Über ein Spannrad, Stützrollen bzw. Stützrädern und das Antriebsrad wurde die Kette geführt. Zwei aus einem ausgebrannten Flussschiff geborgene Dampfmaschinen mit Leistungen von 10 bis 12 PS (bei 40 Umdrehungen in der Minute) trieben jeweils eine Kettenseite an. Durch Regelung der betreffenden Dampfmaschine erfolgte die Lenkung des nur 3 km/h »schnellen« Gefährts. Das Projekt geriet indessen in Vergessenheit.
Einen ersten Versuch in der Neuen Welt startete der Mühlenbauer Alvin Lombard in Waterville/Maine. 1890 konstruierte er den vermutlich ersten nordamerikanischen dampfbetriebenen Raupenschlepper, jedoch ohne mit ihm Erfolg zu haben. Erst 1904 erschienen weitere amerikanische Dampfschlepper mit Kettenlaufwerken und einem vorderen Einzelrad zur Lenkung, von dem Ingenieur E. Norelius entworfen und den Landmaschinenfabrikanten Benjamin Holt und Daniel Best hergestellt. 1914 erhielt Norelius Patente auf die noch heute gültige Bauform mit höher liegendem Trieb- und Laufrad, so dass die Kette nur unter den Laufrollen bodenschonend aufliegt.
Auf den empfindlichen Böden Kaliforniens bewährten sich die schweren Fahrzeuge auf Anhieb. Der »Caterpillar« (engl. für Raupe) der 1892 gegründeten Holt-Manufacturing Company in Stockton/Kalifornien, später Caterpillar Tractor Company in Peoria/Illinois, war ab 1907 richtungweisend mit einem leistungsstarken Benzinmotor versehen, wobei das Gewicht des Fahrzeugs beträchtlich verringert werden konnte. Weiterhin war der Rahmen der »Halbraupe« vorne auf einem Lenkrad oder einer kompletten Lenkachse gelagert. Mit einer Verkaufsagentur in Budapest konnte das Unternehmen ab 1912 auch erste Exemplare in Österreich-Ungarn absetzen; insbesondere zeigte sich das k.u.k. Heer an einem leistungsfähigen Zugfahrzeug für schwere Artillerie interessiert.
Ebenfalls 1904 erschien die englische Hornsby-Raupe, die als »Vollraupe« nur zwei angetriebene und abbremsbare Kettenhälften besaß. Auf dem Truppenübungsplatz in Aldershot überzeugte dieses Modell vor allem das britische Militär.
Die deutsche Maschinenbauindustrie zeigte, abgesehen von den »Orion«-Raupen der Firma Wegelin & Hübner (Deutsche Zugmaschinen GmbH) kein Interesse an solchen Raupenfahrzeugen, zumal die Preußische Abteilung für die Verkehrstruppen den 1913 getesteten Caterpillar als »ohne militärische Bedeutung« beurteilte.
Erst die souveräne Überlegenheit tausender Caterpillar-Kettenschlepper (Baby-Holt-Caterpillar), die als »Vollraupen« erstmals 1910 nur noch der abbremsbaren Kettenhälften für die Lenkung bedurften, und die taktisch eingesetzten »Tanks« (benannt nach dem britischen Ingenieur Thomas Tank Burell) auf Seiten der Entente-Mächte und der USA machten die Kraftfahrzeugtechnische Kommission des Preußischen Kriegsministeriums mobil. Vor allem Ingenieur

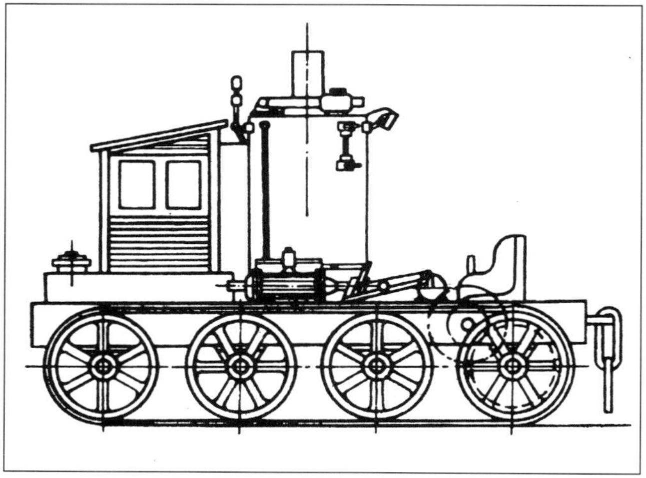

Blinow-Kettenschlepper mit Dampfantrieb von 1888 (Agrartechnik Nr. 7/1988).

Joseph Vollmer (1871-1955) und seine spätere Deutsche Automobil-Construktions GmbH entwarfen im Auftrag der Heeresverwaltung Raupenmodelle für die Firmen Loeb/ Dinos, Hanomag, Podeus und vermutlich auch für Büssing. Das »Allgemeine Kriegsdepartment, 7. Abt. Verkehrswesen«, abgekürzt A.7.V. – so lautete auch die Bezeichnung des deutschen Weltkrieg-I-Panzers – stand Vollmer für die Entwicklungsarbeiten zusätzlich zur Verfügung. Mit dem Bau der recht schweren Fahrzeuge konnte dann aber erst nach Kriegsende begonnen werden. Zwar bestand großer Bedarf an Zugmaschinen für das Tiefpflügen, für Forstarbeiten und für die Erschließung von Mooren, doch blieb die Herstellung solcher Fahrzeuge aufgrund der desolaten Wirtschaftslage und der immens hohen Preise gering.

Neben der Landwirtschaft trat die Reichswehr, die nach dem Versailler Vertrag keine Panzerfahrzeuge besitzen durfte, als Abnehmer der Gleiskettenfahrzeuge auf, insbesondere der Marken WD/Hanomag und Linke-Hofmann, die als Selbstfahrlafetten für Geschütze oder als Zugmaschinen erprobt wurden.

Die einstige Wismarer Nutzfahrzeugfirma Podeus ließ den Begriff »Raupenschlepper« für ihr Produkt schützen. Ihre Werbeanzeige von 1919 fasste die Pluspunkte der Raupe zusammen: »Der Podeus-Raupenschlepper vereinigt in sich alle Vorzüge einer wirklich brauchbaren landwirtschaftlichen Zugmaschine, arbeitet zuverlässig bei jedem Wetter, wühlt sich nicht ein und rutscht nicht in nassem, lehmigen Boden, Sand oder Moor, überschreitet jedes Hindernis, Gräben, Baumstümpfe, nimmt Steigungen bis 50%, schleppt Lasten bis 20 000 kg, treibt Dreschmaschinen und dergleichen, zieht jedes Ackergerät, ist erstaunlich einfach zu bedienen, wendet auf der Stelle, hat keinen Furchendruck, spart 15 bis 20 Arbeitspferde und bewährt sich überall da, wo andere Kraftpflüge versagen.«

Wenn auch die geringe Bodenpressung durch die große Auflagefläche vor allem auf druckempfindlichem Untergrund sowie die enorme Zugkraft, verstärkt noch durch speziell geformte Platten oder mit aufgeschraubten Greifern, unbestreitbare Vorteile darstellten, so wurde doch bald erkannt, dass die Drehbewegung des Fahrzeugs den Boden erheblich zerstörte. Darüber hinaus erwies sich das Befahren von befestigten Straßen extrem abnutzungsintensiv, zumal schon der reguläre Betrieb im Gelände recht reparaturanfällig für das Kettenlaufwerk war. Seit 1939 schreibt die Straßenverkehrs-Zulassungs-Ordnung für eine Geschwindigkeit der Gleiskettenfahrzeuge ab 8 km/ Gummipolster (Straßenschuhe) vor, die die Belastungen für Fahrzeug und Straße verringern.

Aus den speziellen Anforderungen der Landwirtschaft kamen Mitte der zwanziger Jahre die Kleinraupen der Firmen Ritscher und Stock hinzu, wobei letztere gerade in ihrer Einfachheit recht erfolgreich war. Auch eigens für den Weinbau entwickelte Kleinraupen wurden vorgeführt.

Drei technische Lösungen der Lenkmechanik hatten sich in dieser Zeit durchgesetzt, wobei in der praktischen Ausführung verschiedene Modifikationen hinzukamen:

1. Lenkbremssystem
Die auf den Antriebswellen eines Differentialgetriebes (direktes System), teilweise nach einem Vorgelege (indirektes System) angebrachten Bremstrommeln werden durch die Bremshebel alternativ angezogen, so dass eine Lenkbewegung durch die unterschiedliche Umlauf-Geschwindigkeit der Kettenseiten erreicht wird. Die gesamte Antriebskraft wird auf die gegenüberliegende Kette verlagert. Das auch als »Lenkbremse« bezeichnete System erfordert eine hohe Kraftanstrengung und führt zu einer starken Abnutzung der Bremsanlage. Die ersten Linke-Hofmann-Lauchhammer- und die Stock-Raupen waren mit diesem Mechanismus ausgerüstet.

Kellersches Ringschienen-Automobil auf dem Tempelhofer Feld (1903) als Alternative zu den amerikanischen Caterpillar-Fahrzeugen.

2. Lenkkupplungen
Durch Auskuppeln der einen Differential-Abtriebsseite wird das Drehmoment auf die im Kraftfluss stehende Kettenseite verlagert. Praktisch wurde dieses Problem durch Leder-, Lamellen- bzw. Ein- oder Zweischeibenkupplungen gelöst. Um das durch die Trägheit bedingte Weiterlaufen der abgekuppelten Kettenhälfte zu verhindern, war dieses System gewöhnlich mit durch Pedale unterstützte Lenkbremsen kombiniert.
Ausführungsformen besaßen wie der ursprüngliche Caterpillar-Schlepper kein Differential. Die Antriebsachse ist hier durchgehend, d. h. bis auf die durch die beidseitigen Kupplungen mögliche Abtrennung zum Endabtrieb. Die historische Entwicklung von derartigen Kupplungssystemen ließ am Anfang die mit Leder bezogene Konuskupplung dominieren, die dann später der Scheibenkupplung bzw. ihrer speziellen Form, der Lamellenkupplung, den Weg freimachte. Eine Lamellenkupplung besteht aus einer größeren Anzahl von Stahlscheiben, mitunter mit jeweils einem Reibbelag versehen. Der Lenkvorgang wird durch das Lösen einer Kupplung bewirkt, wobei der Lenkausschlag durch den Grad der Trennung bewirkt wird. Es kann also auch ein »Schleifen« der Kupplungsscheiben bei geringem Lenkungsausschlag vorliegen. Um ein »auf der Stelle-Drehen« zu erreichen, können zusätzliche Bremsen, an der Kupplung selbst oder auch auf besondere Bremsscheiben nach der Kupplung wirkend, beteiligt werden. Außerdem kommen zusätzliche Bremspedale zum Einsatz. Durch das Auskuppeln entstehen bei Kurvenfahrten keine Zugkraftverluste (Schlupf): die treibende Kette erhält die volle anstehende Motorleistung. Auch hier sind Lenkhebel charakteristisch. Das Bremsen in Fahrtrichtung wird bei diesem und dem vorher beschriebenen System durch gleichzeitiges Anziehen beider Lenkhebel erreicht.

In Masuren/Ostpreußen 1917 erbeuteter Holt-Kettenschlepper.

3. Cletrac-Doppeldifferential-Lenkgetriebe
Das Besondere dieser Lenkungsausführung nach Patenten der Cleveland Tractor Company ist die Konstruktion als Doppeldifferential. Durch Abbremsung einer Antriebswelle des Lenkdifferentials, aus zwei ineinander geschachtelten Differentialen bestehend, wird die nahezu verschleissfreie Verlagerung des Antriebsmoments auf die ungebremste Seite erreicht. Die Maschine wird mittels Lenkrad durch Abbremsen der Kettenantriebswellen im Differential gesteuert. Der Vorteil des auch als »Lenkausgleichsgetriebe« bezeichneten Systems liegt ferner darin, dass kein unbeabsichtigtes Auf-der-Stelle-Drehen« erfolgen kann. Es entsteht ein Kurvenradius, dessen Größe vom Übersetzungsverhältnis zwischen inneren und äußeren Trabantenrädern abhängt, die als Stirn- oder als Kegelräder ausgeführt sein können. Typisch für das Getriebe ist entsprechend seiner Grundform, also auch für das Kombinationssystem mit Lenkbremse, dass die Abtriebsachse zweigeteilt ist. Die Bremsscheiben sind allerdings nicht fest mit der Abtriebsachse verbunden, sondern sie stehen über äußere Trabanten mit dem inneren Ausgleichssystem in Verbindung. Auch hier bewirkt das Abbremsen einen Leistungsverlust der betreffenden Seite, jedoch geringer wie beim einfachen »Lenkbremssystem«. Die wesentliche Bedeutung liegt in der Fahrwerks- und Fahrbahnschonung. Charakteristisch für dieses System ist eine Art Lenksäule, ähnlich wie bei Radfahrzeugen. Das eigentliche, von den Händen betätigte Lenkelement kann dabei ein normales Lenkrad oder ein doppelarmiger Lenkgriff (Motorradlenker) sein. Ein darunter befindliches Handrad dient als Feststellbremse.
In den dreißiger Jahren setzten sich die Firmen FAMO (vormals Linke-Hofmann-Busch) in Breslau, Hanomag in Hannover und Lanz in Mannheim mit ihren sorgfältig durchkonstruierten und mit Diesel- bzw. Glühkopfmotoren versehenen Raupenfahrzeugen durch. Die beiden Raupenseiten waren nun durchgängig an den hinteren Achshälften beweglich angebracht, so dass sich der Schlepper den Bodenunbenheiten anpassen konnte. Ein hoher Wirkungsgrad und eine optimale Bodenhaftung waren nun erreicht. Revolutionär war bei den FAMO-Modellen die Verwendung des amerikanischen Cletrac-Doppeldifferentials.

Gegen Ende der 40er, Anfang der 50er Jahre sahen verschiedene Maschinenfabriken ihre Chance im Kettenschlepperbau für die Landwirtschaft und die Bauindustrie; Erfolge blieben ihnen jedoch versagt. So war die Renaissance der FAMO-Raupe in Westdeutschland nur von kurzer Dauer. Klöckner-Humboldt-Deutz allerdings bot, ausgehend von einer Halbraupe aus der Kriegszeit, rund zwanzig Jahre lang ein solides Raupenprogramm an, während das traditionsreiche Hanomag-Werk sich im Inland und im Export als Marktführer behauptete. In der einstigen DDR rekonstruierte das Schlepperwerk Schönebeck den mittleren FAMO-Typ, der dann im Brandenburger Traktorenwerk bis 1964 in Serie gebaut wurde. Einzig der traditionsreiche Raupenschlepperhersteller Hanomag vermochte sich bis heute mit Industrie- und Bauraupen am Markt zu halten. Für den Wein- und Obstbau ist nach der Einstellung des Blank-Raupenbaus die mainfränkische Firma Frieg hinzugekommen.

Büssing-Raupe Typ »Last-Zug-Maschine/LZM« mit 55-PS-Motor (1920).

Während noch bis in die sechziger Jahre Raupen für die Landgewinnung, für die Bearbeitung schwerer oder auch wenig tragfähiger Böden und für den Abtransport von Erntewagen vom Acker eingesetzt wurden, ist der Bedarf hierfür nahezu erloschen. Die durch den einstigen »Grünen Plan« geförderten Betonwege haben das An- und Abtransportproblem mit Radfahrzeugen gelöst. Das Problem der Anfälligkeit der mechanischen Ketten und der Nachteil der geringen Geschwindigkeit versuchten die Ingenieure mit Gummibereifung des Räderwerks oder mit Gummi/Perlon-Raupenbändern zu lösen. Heute stehen im Rahmen dieser Entwicklung Kleinraupen der Firmen Frieg und Niko für den Obst- und Weinbau sowie schwere (Import-)Ackerraupen der Marke »Claas Challenger» mit Gummibändern zur Verfügung, wobei es sich bei letzterem Modell um ein Caterpillar-Fahrzeug handelt.

Der nachfolgende Überblick ist den Raupen deutscher Fertigung für die Land- und Forstwirtschaft gewidmet. Absolute Vollständigkeit wird sich kaum erzielen lassen, zumal da und dort in den Recherchen Prototypen auftauchen (z. B. bei Allgaier, Fahr und Eicher), die in der zugänglichen Literatur so gut wie nie dokumentiert sind. Abschließend sei noch erwähnt, dass Schlepper mit ansteckbaren Raupen nicht erwähnt sind.

Büssing-Raupen auf dem Transport (1921).

50-PS-WD-Raupe K 50 mit Blatträumern vor den Ketten (1924).

Werbung für den Podeus-Raupenschlepper.

FAMO-Raupe
Typ »Boxer« (1939).

FAMO-Werbung aus
dem Jahre 1939.

50-PS-Hanomag-Raupe K 50 vor Mähbinder (1939).

150-PS-Kaelble-Raupe PR 125 (1940).

FAMO-Großraupe mit 100-PS-Dieselmotor (1941)

Hanomag-Raupen-Werbung aus dem Jahre 1942.

Werbung für die Rathgeber-FAMO-Raupe (um 1954)

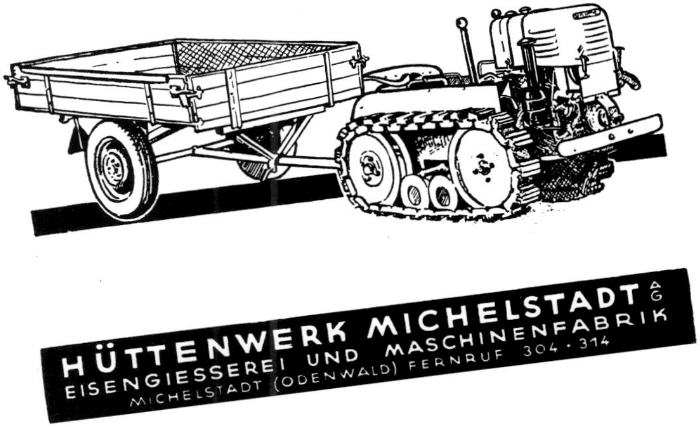

Werbung des Hüttenwerkes Michelstadt (1954).

50-PS-Frieg-Weinbergraupe mit 900 mm Außenbreite (um 1988).

Gleisband-Raupe ZT 300 GB aus Schönebeck.

212/241/170-PS-Claas-Caterpillar-Raupe »Challenger« mit Gummiraupen-Laufwerk (1997).

19 *48-PS-Niko-Kleinraupe HY 48 mit Mähausleger (1998).*

Agria

Agria-Werke Möckmühl GmbH, Möckmühl/Württemberg, (1952-1963).

Handgeführte Agria-Kleinraupe Type 1600 um 1955.

Die 1937 von Erwin Mächtel gegründete Zahnrad- und Getriebefabrik Möckmühl fertigt seit 1946 unter dem Namen Agria-Werke Spezialfahrzeuge für landwirtschaftliche Kulturen: Einachs- und Kleinschlepper, Motorhacken und Motormäher. »Für hohe Zugleistung und für die Bewältigung großer Steigungen« konnte die Agria-Universalmaschine Typ 1600 mit aufsteckbaren Treib- und Leiträdern sowie einem oberen Stützrad und den Ketten zu einem kleinen Raupenschlepper erweitert werden. Die vor allem zur Pflege vorgesehene Maschine besaß den weit überhängend angebrachten 5-PS-Hirth-Einzylinder-Zweitaktmotor. Der »mittelstarke« Einachser Agria 2800 »Trabant« ließ sich zu einem Vierrad-Fahrzeug umrüsten. Über die gummibereiften Räder ließ sich dazu ein Kettenband auflegen. Eine hintere Seilwinde mit einem kranartigen Gestell ermöglichte das Anheben und Heranziehen von Holzstämmen. Ein 8-PS-Diesel-Motor der Motorenbau Alfred Berning GmbH diente als Antrieb.

Die erwähnten Vierradschlepper wurden von 1954 bis 1992 gebaut; seitdem beschränkt man sich auf handgeführte Einachsschlepper.

Technische Daten der Agria-Kleinraupen

Typ	1. Bauj.	Motor	Z	PS	Kühl.	BxH	Hubr.	Drehz.	Gew.	Getr.	Besonderheiten
Agria 1600 Universal	1954	Hirth	1	5	L	60x65	192	3000		2/1	Zweitakt-Vergasermotor
Agria 2800 »Trabant«	1962	Berning	1	8	L	80x85	425	3000			D (= Dieselmotor)

8-PS-Agria-Universalraupe Type 2800 »Trabant« (1962).

Agria-Universalraupe beim Stämmeziehen.

Battenberg

Hans Battenberg Landmaschinenbau, Bäumenheim/Bayern (1949).

Bei Battenberg entstand eine Leichtraupe mit Lenkhebelsteuerung als erster Versuchstyp und eine daraus entwickelte kombinierte Rad-Raupe mit zunächst 12-PS-Hatz-, später 15-PS-Zanker-Motor. Die Stahlbandkette wurde über die gleich großen Vorder- und Hinterräder geführt; die Lenkkupplungen betätigte der Fahrer über zwei Lenkhebel. Zwei, später vier untere Stützrollen vergrößerten die Bodenhaftung. Battenberg führte seine Leichtraupe 1949 unter der Bezeichnung »Kombi« auf der Landwirtschaftsausstellung in Frankfurt am Main vor. 1950 gab Battenberg den Schlepperbau wieder auf.

15-PS-Battenberg-Kleinraupe; erste Version von 1949.

Technische Daten der Battenberg-Raupen

Typ	1. Bauj.	Motor	Z	PS	Kühl.	BxH	Hubr.	Drehz.	Gew.	Getr.	Besonderheiten
Battenberg »Kombi« Gr 2 (R 12)	1949	Hatz	1	12/14	V	100x130	1020	1500	1400	4/1	Zweitakt-Motor
Battenberg »Kombi« Gr. 2	1949	Zanker	1	12/15	Th	100x130	1020	1500		4/1	Zweitakt-Motor
Battenberg »Kombi« Gr. 2	1949		2	18	W			1500	1800	4/1	

Karl Blank & Söhne KG, Dirmstein/Pfalz (1950-1988).

Im Jahre 1921 wurde die Firma Blank als Elektro- und Feinmechanik-Betrieb sowie Schlosserei zur Modernisierung und Elektrifizierung der ländlichen Hofwirtschaft gegründet; 1937 schloß sich der Verkauf von pferdegezogenen Spritzmaschinen und von Kramer-Schleppern an. Die Kettenschlepperfertigung mit der »Unirag«-Raupe (Universal-Raupen-Gerät) nahm das Unternehmen unter der Initiative des späteren Dipl.-Ing. Karl Blank im Jahre 1951 auf, die vor allem für Wein- und Obstkulturen (Spurweite 630 mm) vorgesehen war. Fichtel & Sachs-Zweitakt-Diesel mit 8 und 10 PS (Frontantrieb) kamen weit überhängend zum Einbau; gesteuert wurde über Trommelbremsen am Opel- oder Getrag-Getriebe. Das Hüttenwerk Michelstadt und zwei französische Firmen übernahmen 1952 bis 1957 die Lizenzfertigung für über 1000 Raupen in Blockbauart mit Hilfsrahmen; anschließend baute Blank die Kleinraupen in eigener Regie. Hatz-Einzylinder- und MWM-Zweizylindermotoren wurden für die zweite Raupengeneration, jetzt mit Antrieb auf die Hinterachse, verwendet. Mit kantiger Verkleidung folgten 1961 die V-Modelle (V für Vineyard). Von 1977 bis 1988 stand die 50-PS-Raupe mit Lenkkupplungsgetriebe und sechs Rollen im Programm. Neben MWM-Motoren setzte Blank auch Dreizylinder-Deutz-Diesel ein.
Während zunächst mit (abnutzungsintensiven) Lenkbremsen gesteuert wurde, erhielten die Modelle von der zweiten Bauserie an Differential-Lenkungen mit doppelten Scheibenbremsen, entwickelt in Zusammenarbeit mit der Firma Hurth. 1988 lief der Blank-Raupenbau aus.

8-PS-Blank-Kleinraupe; erste Version um 1950.

Technische Daten der Blank-Raupen

Typ	1. Bauj.	Motor	Z	PS	Kühl.	BxH	Hubr.	Drehz.	Gew.	Getr.	Besonderheiten
Unirag	1950	F & S	1	8	L	85x100	570	2500		3/1	Zweitakt-Diesel, Prototyp
Unirag	1951	F & S	1	8/10	L	85x100	570	2500	850	4/1	Zweitakt-Diesel, auch 3/1-Getriebe
Blank-Raupe	1955	Hatz	1	10	L	85x100	567	2500	845	4/1	auch Hatz-12-PS-Motor
Blank-Raupe	1957	Hatz	1	14	L	90x105	668	2600	1120	6/1	
Blank-Raupe	1960	MWM	2	20	L	80x100	1004	3000	1250	4/2	
Blank-Raupe	1960	MWM	2	30	L	95x105	1488	2800	1310	4/2	
V 228	1961	MWM	2	30	L	95x105	1488	2800	1395	6/1	auch 25-PS-Ausführung
V 230	1961	MWM	2	30	L	95x105	1488	2800	1395	6/1	
V 232	1961	MWM	2	30	L	95x105	1488	2800	1395	6/1	
V 345	1961	MWM	3	45	L	95x105	2231	2400	1750	6/1	
V 355	1970	MWM	3	50	L	100x120	2826	2500	1850	6/1	
V 355	1970	Deutz	3	51	L	100x120	2826	2300	1850	6/1	
V 228	1975	Lombardini	2	28	L	95x95	2019	2800	1430	6/1	
V 355/6	1977	Deutz	3	51	L	100x120	2826	2300	2200	12/4	ab 1980 55 PS

Blank

Blank-Diesel-Kleinraupe 10/12 PS um 1955.

14-PS-Blank-Kleinraupe (1957).

20-PS-Blank-Diesel-Kleinraupe (1961).

30/45-PS-Blank-Kleinraupe V 228/V230/V232 um 1965.

51-PS-Blank-Kleinraupe um 1970.

51-PS-Blank-Kleinraupe Typ 355 (1984).

51-PS-Blank-Kleinraupe V 355/6 (1985).

Büssing

Heinrich Büssing, Spezialfabrik für Motorlastwagen, Motoromnibusse und landwirtschaftliche Zugmaschinen (Raupenschlepper), Braunschweig (1918-1927).

Büssing-Raupen-Betriebs-Protze von 1919).

Büssing nahm den Raupenschlepperbau zu Beginn des Jahres 1918 auf. Unter Verwendung von Antriebsteilen des Kampfpanzerwagens A.7.V. hatte Büssing gegen Kriegsende eine »Raupenbetriebsprotze« (RBP) als Kettenzugmaschine entwickelt. Nach Kriegsende stellte Büssing dieses Modell als Landwirtschaftliche Zugmaschine (L.Z.M.) her und verwies darauf, dass das Fahrzeug »zwei Jahre auf Rittergütern unter schwersten Beanspruchungen« erprobt worden sei. Büssing glaubte ein neues, ausgleichendes Betätigungsfeld gefunden zu haben, wenn auch die neugegründete Reichswehr weiterhin als Großabnehmer anvisiert wurde.
Großvolumige 55-PS-Motoren, seit 1910 produziert, aber längst nicht mehr in Büssing-Nutzfahrzeugen eingesetzt, gaben den Raupen ausreichend Kraft. Die erste Ausführung besaß ein verkleidetes Laufrollenwerk; Spiralfedern drückten die Rollen nach unten und oben. Das zweite Baumuster der auch als »Last-Zug-Maschine« bezeichneten Raupe war mit je zwei paarweisen, abgefederten Rollen (auch mit zweimal drei Rollen) in den durch Schwinghebel miteinander verbundenen Laufrollenkästen versehen. Gesteuert wurde der Raupenschlepper durch Lenkkupplungen (Lederkonus) an den Antriebswellen und zusätzliche Bandbremsen auf den Bremsscheiben des Rädervorgeleges. Die Höchstgeschwindigkeit im dritten Gang reduzierte man in der zweiten Bauserie von 6 auf 5,5 km/h, »um angehängte Pferdezug-Ackergeräte nicht durch die zu hohe Arbeitsgeschwindigkeit zu beschädigen«.
Infolge der desolaten Wirtschaftslage scheint der Raupenbau von Büssing um 1927 aufgegeben worden zu sein, zumal im Deutschen Reich kaum ein Markt für die immens teuren Fahrzeuge vorhanden war. Auch das Heereswaffenamt hatte nur wenige Büssing-Raupen für Ausbildungszwecke erworben.

Technische Daten der Büssing-Raupen

Typ	1. Bauj.	Motor	Z	PS	Kühl.	BxH	Hubr.	Drehz.	Gew.	Getr.	Besonderheiten
L.Z.M.	1919	Büssing	4	55	W	132x160	8754	860	5300	2/2	
L.Z.M.	1924	Büssing	4	55	W	132x160	8754	860	5200–5500	3/1	

Büssing-Raupen-Betriebs-Protze in der Forstarbeit (1919)

55-PS-Büssing-Raupe in der dritten Version von 1920.

55-PS-Büssing-Raupe, zweite Version von 1919.

55-PS-Büssing-Raupe; vierte Version von 1920.

Deutsche Zugmaschinen GmbH, Halle, ab 1921 DeLMA (Deutsche Maschinen-Handels-Ges.) Berlin, ab 1922 Heliosmotoren-Werk GmbH, Berlin-Johannisthal (1912-1922).

Im Jahre 1912 etablierte sich die Deutsche Zugmaschinen GmbH mit ihrem Kettenschlepper. Auffallend waren die schräggestellten Spieße bzw. Spaten auf den Kettengliedern des von der Firma Wagner & Co. in Köthen angefertigten Modells.

Während des Krieges versuchte man mit dem »Orion-Wagen« ins Rüstungsgeschäft zu kommen. Er wies ein 4-t-Lkw-Fahrgestell mit seitlichen, in ellipsenartiger Bahn geführten Ketten auf, die mit sogenannte Schreitkufen versehen waren. Die Rollenbahn glitt also über eine starre Umlaufschiene. Gesteuert wurde über Abbremsen einer Differentialhälfte. Ein vorderes Leitrad war nach Caterpillar-Prinzip angebracht.

1921 brachte das jetzt als DeLMA (Deutsche Maschinen-Handels-Ges. Berlin) firmierende Unternehmen das Modell KO (»Klein-Orion«) mit 32-PS-, später 40 PS-Helios-Motor auf den Markt, ferner den und GO (»Groß-Orion«) mit 80-PS-Kämper-Motor. Die Triebkette mit Rollen auf beiden Seiten der Gelenkbolzen lief um eine starre, nach vorne und hinten gleichmäßig ansteigende Schienenbahn. Auf den Kettengliedern waren stempelartig Tragplatten angebracht. Die Steuerung erfolgte wiederum durch Abbremsen der Differentialhälften. An der Fertigung der extrem schweren Fahrzeuge waren die Maschinenfabrik Wegelin & Hübner in Halle und das Heliosmotoren-Werk GmbH in Berlin-Johannisthal beteiligt. Michael Bach erwähnt in seinem Buch "Schlepper aus Berlin« noch die Modelle bzw. Projekte Ad 2 (80-100 PS), Ad 3 (45 PS), Ad 4 (25 PS), Ad 5 (16 PS) sowie eine 68-PS-Ausführung. Zu erwähnen wäre, dass der Vertrieb der Freund-Dreirad-Schlepper über die DeLMA erfolgte.

Deutsche Zugmaschinen-Raupe, 32-PS-Modell »Klein Orion» von 1922.

Deutsche Zugmaschinen-Raupe, 80-PS-Modell »Groß Orion« von 1922.

Technische Daten der Deutschen Zugmaschinen GmbH-Raupen

Typ	1. Bauj.	Motor	Z	PS	Kühl.	BxH	Hubr.	Drehz.	Gew.	Getr.	Besonderheiten
DeLMA Orion	1912	Schwiderski	4	64	W				7400		
DeLMA Orion	1912	Daimler	4	68	W	150x180	12717	700	8300		
KO (Klein-Orion) AD 3	1921	Kämper	4	32	W	126x180	8973	650	4000	3/1	
GO (Groß-Orion) AD 2	1921	Kämper	4	80	W	170x220	19964	650	7800	3/1	
KO (Klein-Orion)	1922	Helios	4	40	W	120x140	6330	650	3780	3/1	
AD 3			4	45	W						
AD 4			4	25	W						
AD 5				16	W						

Dinos

Dinos Automobilwerke AG, Berlin-Hohenschönhausen 1918-1920, Kraftfahrzeug-Aktiengesellschaft LUC (Loeb & Compagnie), Berlin-Charlottenburg (1920-1924).

Aus dem 1905 von Ludwig Loeb gegründeten Automobil-Handelsunternehmen ging die Kraftfahrzeug-Aktiengesellschaft LUC hervor. 1920 übernahm der Stinnes Konzern den Betrieb und nannte ihn Dinos-Automobilwerke.
Als nach dem Ende des Ersten Weltkrieges begann das Berliner Unternehmen mit dem Bau der leichten »Dinos«-Raupe. 1924 hieß es, dass man »auf diesem Gebiet die reichsten Erfahrungen sammeln« konnte. Der von Joseph Vollmer (Deutsche Automobil-Constrüktions GmbH) entworfene Dinos-Raupenschlepper »Z 20« wurde von 1918 bis 1924 gebaut und als Zugmaschine an die Feld- und Forstwirtschaft geliefert. Als Antriebskraft dienten eigene Motoren mit 25, 32 und 35 PS, die das Fahrzeug auf 8,5 km/h brachten. Über Einzelbremsung der Differentialhälften in der Hinterachse wurde das Fahrzeug mittels Lenkrad oder Lenkhebel gesteuert. Die Fahrzeugbremsung erfolgte über eine Bandbremse am Getriebeausgang. Sechs Schraubenfedern über jeder Rolle im Rollenrahmen zwischen den Haupträdern drückten die Kette auf den Boden. Gegen Schmutzaufwurf war der Kettenlauf durch eine Blechverkleidung zwischen den Achsen geschützt. Zur Serienausstattung gehörte die Verkleidung des Fahrerplatzes einschließlich Blechdach.

25-PS-Dinos-Raupe in Berlin (1920).

Kurz vor Produktionseinstellung rüstete die Berliner Firma Julius Pintsch AG ein Fahrzeug mit einem Ipagnom-Gasgenerator Typ »Gnom« auf dem Dach aus, der sich im Betrieb jedoch als höchst gefährlich erwies. 1924 wurde das Unternehmen aufgelöst.

Technische Daten der Dinos-Raupen

Typ	1. Bauj.	Motor	Z	PS	Kühl.	BxH	Hubr.	Drehz.	Gew.	Getr.	Besonderheiten
Z 20	1918	Loeb	2	25	W	130x155	4112	900	2600–3100	3/1	
Z 20	1920	Dinos	2	32	W	130x155	4112	1200	2600	3/1	
Z 20	1922	Dinos	4	16/35	W	95x145	4109	900–1200	3060	3/1	

Dinos-Raupe bei der Holzabfuhr mittels Schlitten (1921).

Dinos-Raupe bei der Holzabfuhr im Winter (1922).

Dinos-Raupe beim Überqueren eines Grabens (1924).

Dinos-Raupe mit angehängtem Pflug (1924).

Dinos-Raupe mit Ipagnom-Gasgenerator (1924).

Dürkopp-Werke AG Bielefeld, Werk Berlin (1924-1927).

Die Fahrzeugfabrik Dürkopp und der Vergaserhersteller Pierburg gründeten 1924 die Firma Comfräsch in Berlin, die unter der Leitung von Direktor Walter Goeldner den »Comfräsch«-Raupenschlepper (»Combinierter Fräser-Scharpflug«) herstellen sollte. Goeldner, der 1916 das 80 PS starke Dürkopp-Raupen-Transportfahrzeug »Dürwagen« konstruiert hatte, knüpfte mit der Konstruktion an die Technik des »Landbaumotors« von Lanz an, der zu dieser Zeit aber nicht mehr zeitgemäß war. Die Raupe war in Blockbauart mit einem Hilfsrahmen für das Laufwerk aufgebaut. Am Heck des Fahrzeugs war eine demontierbare, motorisch heb- und senkbare Hauenwalze mit seitlichen Stützrädern angebracht. Für die Urbarmachung sumpfigen Geländes war ein mit einem 50-PS-Motor recht stark motorisierter Gleiskettenschlepper (Vorderradantrieb) versehen. Ein Serienbau kam nicht zustande.

Dürkopp-Fräsraupe »Comfräsch« mit Hauenwalze (1924).

Technische Daten der Dürkopp-Raupen

Typ	1. Bauj.	Motor	Z	PS	Kühl.	BxH	Hubr.	Drehz.	Gew.	Getr.	Besonderheiten
Comfräsch	1924	Dürkopp	4	50	W	120x150	6782	1000	2800	2/2	Fräsertyp, auch 4/4-Getriebe

Chr. Ensinger Fahrzeugbau, Michelstadt (ca 1949).

Neben Radschleppern, die ab 1951 von der Firma Bischoff in Recklinghausen und dem Rotenburger Metallwerk R. Stierlen KG (RMW) weitergebaut wurden, soll in diesem Unternehmen ein kleiner Kettenschlepper entstanden sein, der nach der Aufgabe der Schlepperfertigung vom Rotenburger Metallwerk als Grundlage für deren Raupenentwurf gedient haben dürfte.

Prospekttitel für die Ensinger-Raupe R 40 (1949).

Fahrzeug- und Motorenwerke GmbH FAMO, Breslau (vorm. Maschinenbau Linke-Hofmann Breslau und Berlin) (1936-1944).

Der Junkers-Konzern in Dessau übernahm 1936 die Schlepperfertigung von Linke-Hofmann-Busch und richtete dafür die Fahrzeug- und Motorenwerke GmbH FAMO in Breslau ein. Der Vertrieb erfolgte durch den Zentralverkauf in Berlin. Neben Straßenzugmaschinen und Radschleppern bestand das Programm aus den Raupen »Boxer« (in Normal- und Schmalspurausführung) sowie »Rübezahl 37«.
Mit einem 100-PS-Sechszylinder-Diesel kam 1939 die Großraupe »Riese« hinzu, die für Forst- und Ödlandkultur, für die Bauwirtschaft und den Autobahnbau gedacht war. Die Laufrollenkästen waren mit dem Motor-Getriebe-Block fest verbunden. Dafür konnten die federnd angebrachten Laufrollen, die durch Schwingarme geführten vorderen Leiträder sowie eine zentral liegende Pufferfeder die Bodenunebenheiten abfangen. Der Motor ließ sich mit einem elektrischen Anlasser oder mit einer Benzinanlassvorrichtung in Gang setzten.
Während des Krieges erhielten die Boxer- und die Rübezahl-Raupe eine Hansa-FAMO-Generatoranlage, die nach dem Zweistoff-Prinzip arbeitete; auch mit der Imbert-Generatoranlage wurden die Fahrzeuge ausgestattet. Sechszylinder-Dieselmotoren von DEMAG kamen ebenfalls zum Einsatz.
Da das FAMO-Werk etwa 50 Prozent Marktanteil im Raupenbau besaß, bekam es 1943 vom Staat die Zuteilung der alleinigen Raupenschlepperproduktion. Das angegliederte Ursus-Traktoren-Werk in Warschau wurde in die FAMO-Produktion einbezogen. 1944 mußte die Raupen- und Radschlepper-Fertigung wieder eingestellt werden. Anfang 1945 erfolgte die Verlagerung eines Großteils der Halbketten-Zugmaschinen-Fertigung nach Schönebeck/Elbe.
Nach dem Krieg entstand auf Initiative der letzten Breslauer Geschäftsleitung mit staatlicher Unterstützung in Göttingen (Firma Grone) und in Krefeld die FAMO Vertriebsgesellschaft mbH für die Ersatzteilversorgung der noch vorhandenen FAMO-Raupen. Die Rathgeber AG mit der Abteilung FAMO Vertriebsgesellschaft übernahm 1951 schließlich den Neubau der Boxer-Raupe.

60-PS-FAMO-Raupe »Rübezahl« um 1936.

Technische Daten der FAMO-Raupen

Typ	1. Bauj.	Motor	Z	PS	Kühl.	BxH	Hubr.	Drehz.	Gew.	Getr.	Besonderheiten
Boxer	1935	FAMO	4	42/45	W	105x145	5022	1250	3500	3/1	Diesel-Motor u. folgende
Rübezahl	1935	FAMO	4	60/65	W	125x175	8586	1150	4700	3/1	
Boxer	1936	Demag	4	50/55	W	110x160	6110	1150/1200		3/1	
Riese	1939	FAMO	6	100	W	120x180	12208	1150	8500	4/1	
Boxer (Generator)	1942	FAMO	4	35/40	W	110x145	5509	1250/1500		4/1	Generator-Antrieb
Rübezahl (Generator)	1942	FAMO	4	60/65	W	125x175	8586	1150/1500	5400	4/1	Generator-Antrieb

40-PS-FAMO-Raupe »Boxer« (1940).

60-PS-FAMO-Raupe »Rübezahl« (1941).

Werbung für die FAMO-Raupe »Rübezahl« (1943).

40-PS-FAMO-Raupe »Boxer« mit FAMO-Generator (1941).

100-PS-FAMO-Raupe »Riese« (1942).

40-PS-FAMO-Raupe »Boxer« mit Generator (1943).

FAUN-Werke, Kommunalfahrzeuge und Lastkraftwagen Karl Schmidt, Nürnberg, Werk Schnaittach (1949.)

Das neu eingerichtete FAUN-Werk in der Heuchlinger Heide war nach dem Krieg in der Nutzfahrzeugproduktion zunächst beschränkt. In jener Zeit erwarb FAUN Konstruktionsunterlagen und eine 1944 gebaute Raupe der Schweizer Firma Mommenday in Rapperswil, die wiederum eine Lizenz der französischen Firma La Licorne verwendet hatte. Die Lenkung erfolgte über zwei Lenkhebel, die auf das Differential wirkten. Auffallend waren die kräftigen Gummistollen auf den Platten.

Mommenday-Raupe als Basis für die FAUN-Ausstellungsraupe (1949).

Der luftgekühlte Deutz-Vierzylinder mit 60 PS und ein eigenes Getriebe sollten in das als »FK 60 Uranus« bezeichnete Modell eingesetzt werden; auch eine »FK 80«-Ausführung war geplant. Mit der Aufhebung der Restriktionen im Zuge der Gründung der Bundesrepublik Deutschland ließ FAUN das Projekt jedoch fallen und wendete sich wieder dem Nutzfahrzeug-Bau zu.

Technische Daten der FAUN-Raupe

Typ	1. Bauj.	Motor	Z	PS	Kühl.	BxH	Hubr.	Drehz.	Gew.	Getr.	Besonderheiten
K 60 »Uranus«	1944/49	Deutz	4	60	L	110x140	5322	1600	5000	5/1	Prototyp, Mommenday-Basis

Willi Frieg, Spezialbetrieb für Weinbaugeräte, Sulzfeld a. Main. (1970 - 1994) Willi Frieg, Spezialbetrieb für Weinbaugeräte. (1994 - heute) WFS Spezialweinbaumaschinen GmbH.

Die Firma Willi Frieg ging 1970 als Handels- und Reparaturunternehmen zur Fertigung von Schmalspurraupen und -schleppern für den Weinbau über. Charakteristisch für die »Steilhang-Kettentracks« ist der weit vorne angebrachte Motor der nur 900, 1000, 1100, 1120 bzw. 1150 mm breiten Modelle. Ein querliegendes Federpaket ermöglicht die Ausgleichsbewegungen der Gummiband- oder Stahlplatten-Kettenhälften, die von der Hinterachse angetrieben werden. Die weit nach vorn verlegte Federung und die überdurchschnittliche Laufwerklänge verhindern das Aufbäumen am Steilhang. Durch die Verwendung größtmöglicher Plattenbreiten bei gleichzeitig geringster Außenbreite wird der Bodendruck gering gehalten. Über sechs Druckrollen und eine obere Stützrolle werden die »Laufwerkschiffe« geführt. Luft- und wassergekühlte Motoren verschiedener Hersteller mit 40 bis 70 PS, vorzugsweise von Kubota, kommen zum Einbau. Während zunächst sechsgängige Wendegetriebe verwendet wurden, erhielt der 64 PS starke Kettentrack HY 98 einen hydrostatischen, stufenlosen Fahrantrieb mit Doppeldifferential von Mannesmann.

55-PS-Frieg-Weinbergraupe D 55 um 1980.

Technische Daten der Frieg-Raupen

Typ	1. Bauj.	Motor	Z	PS	Kühl.	BxH	Hubr.	Drehz.	Gew.	Getr.	Besonderheiten
D 40	1970			40							
D 50	1970			50							
D 60	1970			60							
D 70	1970			70							
D 45			3	45	W		2340	2400	2360		
D 55			3	55	W		2696	2400	2400		
D 65			4	65	W		3595	2400	3000		
Kettentrack HY 98	1998		4	65	W				1980		Prototyp, hydrostatischer Antrieb

Frieg-Raupe am Steilhang.

70-PS-Frieg-Weinbergraupe.

65-PS-Frieg-Weinbergraupe an einem Terrassen-Weinberg.

Battenberg-Rad-Raupe.

Blank-Raupe 20 PS.

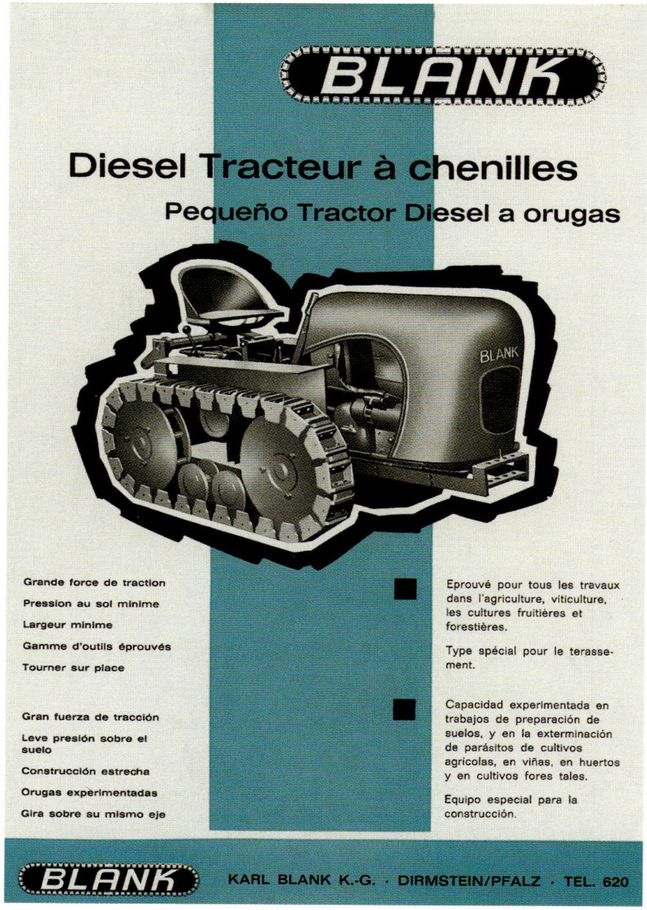

Blank-Raupe V228/230/232, die in 25- oder 30-PS-Version lieferbar war.

Büssing-»Last-Zug-Maschine« von 1919.

Dinos-Raupe 1921 im Wintereinsatz.

FAMO-Raupe »Rübezahl« (1940).

FAUN-Raupenschlepper FK 80 nach einer Zeichnung von Max Gründl (1949).

Hannoversche Maschinenbau AG (Hanomag), vorm. Georg Egestorff, Hannover-Linden. (1920-1932) Hannoversche Maschinenbau-AG vorm. Georg Egestorff in Linden b. Hannover HANOMAG. (1932-1934 Hanomag Automobil- und Schlepperbau GmbH (1935-1955) Hannoversche Maschinenbau-AG, vorm. Georg Egestorff HANOMAG. (1955-1958) Hanomag AG. (1958-1962) Rheinstahl Hanomag AG.

Ingenieur Joseph Vollmer und seine Deutsche Automobil-Construktions GmbH entwarfen für die Hanomag nach Ende des Ersten Weltkrieges einen Kettenschlepper mit 20-PS-Benzol-Motor. Die Steuerung des »Z 20« (Z für Zugkraftwagen) erfolgte über Bremsbänder auf Bremsscheiben am Vorgelege der Differentialwellen. Bei stärkerem Kurvengang konnte die entsprechende Halbachse vom Getriebe ausgekuppelt werden. Die Kettenhälften waren in der Vertikalen um die Hinterachszapfen drehbar angebracht.
1919 erschien der »Z 25« als Serienmodell mit gesteigerter Motorleistung. Sechs gefederte Tragrollen im Kettenkasten ermöglichten leichtes Anpassen der Kette an Bodenunebenheiten. Ein Blech zwischen den Achsen diente als Ausfallöffnung für mitgenommenes Erdreich. Ein mechanisches Hubgetriebe am Fahrzeugheck erweiterte die Arbeitsmöglichkeiten des Gleiskettenschleppers.
1921 folgte der »Z 50« mit 50-PS-Motor. Durch einen Graetzin-Schwerölvergaser konnten die Modelle auch mit billigerem Petroleum, allerdings bei hohem Verbrauch, betrieben werden. Bei der größeren Raupe war zwischen Motor und Getriebe ein Kardangelenk vorhanden.
Es gab eine Version mit einem großen Holzgas-Generator im Heck, gedacht für den Forsteinsatz. Für die Arbeit auf Olivenplantagen erhielten WD-Raupen einen Ast-Abweiser über die Mitte des Fahrzeugs. Mit überbreiten Ketten und einer Doppelsitzeinrichtung – um das Wenden zu umgehen – erschien 1931 die Moorraupen-Ausführung, die bei Großversuchen in der Sowjetunion eingesetzt wurde.
Unter der Bezeichnung »WD« (für Ernst Wendeler und Boguslaw Dohrn, den Konstrukteuren der Hanomag-Tragpflüge) wurden die Fahrzeuge bis in die 30er Jahre von der Deutschen Kraftpflug GmbH in Berlin vermarktet. Im Später übernahm Hanomag den Verkauf in eigener Regie. In der Übergangszeit waren die Fahrzeuge mit dem Schriftzug »WD - Hanomag« versehen.

Hanomag 28-PS-WD-Raupe K 25 (1925).

1931 überarbeitete man die große Raupe, die nun als »K 35/40« und ab 1933 als »K 50« geführt wurde. Motor und Getriebegehäuse waren durch eine Zwischenmulde verbunden, wodurch eine rahmenlose Konstruktion entstanden war. Über ein Querblattfederpaket unter dem Motorblock war das Laufwerk mit seinen sechs Laufrollen abgestützt. Auffallend war die große, längs liegende Druckfeder vor dem Leitrad. Ein 5,2-Liter-Vorkammerdiesel (Typ D 52) mit 40, später 50 PS trieb das Modell an. Die Lenkung erfolgte jetzt über ein Lenkrad und ein Doppeldifferential nach dem Cletrac-Prinzip. Zusätzliche Lenkbremsen waren vorhanden. Während der Kriegszeit hatten die Hanomag-Raupen einen leicht aufgebohrten Motor und einem Imbert-Generator.

Nach dem Krieg erwies sich der Schlepperbau als Glücksfall für Hanomag, damit entging die Firma der Demontage. So gelang ab 1948 die Wiederaufnahme der Raupe als Baumuster »KV 50«, die in großen Stückzahlen in die Türkei und in die Länder Ost- und Nordafrika, verkauft wurde. Ein Differential entfiel bei diesem Baumuster. Einschließlich dem Modell »K 55« mit Differential-Lenkgetriebe konnten bis zur Aufgabe dieser Nachkriegsbaureihe 1960 über 10.000 Exemplare verkauft werden.
Als Großraupe bot Hanomag ab 1951 die Ausführung »K 90« mit 90-PS-Sechszylinder-Diesel an. Der in Halbrahmen-Bauart ausgeführte Kettenschlepper wurde mittels Lenkkupplungen gesteuert. Ein wichtiges Absatzgebiet war der Baumaschinensektor.
Als die Hanomag AG in den fünfziger Jahren den Zweitakt-Diesel favorisierte, wurde der Standardtyp als »K 60« (ab 1958 »K 65«) mit einem schlitzgesteuerten und gebläsegekühlten Zweizylinder versehen. Auch hier wurde die Halbrahmen-Bauart verwendet.
Mit dem Aufkommen der allradgetriebenen, preisgünstigeren und universeller einsetzbaren Radschlepper endete der Raupenbau für die Land- und Forstwirtschaft im Jahre 1962. Die nachfolgenden Hanomag-Raupen-Modelle (beispielsweise der aus dem »K 65« hervorgegangene »K 7«) waren bzw. sind als Bauraupen konzipiert, so dass sie hier nicht berücksichtigt werden.

Hanomag 50-PS-WD-Raupe K 50 (1924).

Technische Daten der Hanomag-Raupen

Typ	1. Bauj.	Motor	Z	PS	Kühl.	BxH	Hubr.	Drehz.	Gew.	Getr.	Besonderheiten
Z 20	1919	Hanomag	4	20	W	90x150	3815	900	2900	3/1	Prototyp
Z 25	1919	Hanomag	4	25	W	95x150	4252	950	3300	3/1	auch 4/1-Getriebe, ab 1921 28 PS bei 950 U/min
Z 50	1921	Hanomag	4	50	W	135x155	8870	800	6500/6800	3/1	
Z 50	1922/24	Hanomag	4	50	W	130x155	8225	850	6300	3/1	
K 35/40	1931	Hanomag	4	40	W	105x150	5192	1300	4100	3/1	Diesel und folgende
KD 48	1933	Hanomag	4	48	W	105x150	5192	1300	4590	3/1	
K 50	1933	Hanomag	4	50	W	105x150	5192	1300	4590	3/1	
K 50 H	1938	Hanomag	4	50	W	105x150	5192	1300	4590	3/1	
K 50	1941	Hanomag	4	42	W	110x150	5702	1300	4510	3/1	mit Holzgas-Generator
KV 50	1948	Hanomag	4	50	W	105x150	5192	1300	4590–4745	3/1	auch D 57-Motor (5,7l)
KV 55	1950	Hanomag	4	55	W	110x150	5702	1300	4510	3/1	
K 90	1951	Hanomag	6	90	W	115x150	9348	1300	7500–8700	5/4	auch 5/1-Getriebe
K 60 A	1956	Hanomag	2	60	W	130x140	3715	1600	5820	6/3	Zweitakt-Diesel
K 65	1958/59	Hanomag	2	65	W	130x140	3715	1600	6100	6/3	Zweitakt-Diesel

50-PS-WD-Raupe, Heckseite (1924)

WD-Raupe für Olivenplantagen (1925).

50-PS-Hanomag-Raupe K 50 (1925).

Hanomag-Raupe mit Gasgenerator (um 1925)

Hanomag-Moorraupe mit überbreiten Ketten und doppeltem Fahrersitz (1932).

50-PS-Hanomag-Diesel-Raupe K 50 (1931).

Hanomag-Diesel-Raupe, Auspuffseite (1934).

50-PS-Hanomag-Diesel-Raupe (1938)

50-PS-Hanomag-Raupe KV 50 (1949).

50-PS-Hanomag-Schmalspurraupe (1950).

55-PS-Hanomag-Raupe K 55 mit Zweitakt-Dieselmotor (1953).

*Hanomag-Raupe K 55
bei der Feldarbeit.*

*60-PS-Hanomag-Raupe
K 60 (1956).*

*Hanomag-Raupe K 55
vor der Dreschmaschine.*

90-PS-Hanomag-Raupe K 90 (1952).

Emil H. Heumann, Itzehoe (1931).

10-PS-Kleinraupenschlepper von Heumann (1931).

Der Konstrukteur der Ritscher-Grabenreinigungsmaschine Emil H. Heumann entwickelte 1931 den Prototyp einer Kleinraupe. Über dem breiten, einzigen Raupenband war der Maschinenrahmen für einen 10-PS-Deutz-Diesel angebracht. Der Antrieb erfolgte über ein Zahnrad, das in die Löcher der Kettenglieder eingriff. Ein hinteres, schwenkbares Rädergestell, auf dem der Fahrer saß, war am Fahrzeugrahmen angebracht. Mittels eines Hebelsystem war das Fahrzeug in einer Art Knicklenkung zu steuern. Durch den Fortfall des Differentials sollte der Heumann-Schlepper recht preiswert angeboten werden. Das Problem der äußerst anstrengenden Lenkarbeit ließ sich gerade bei der breiten Auflagefläche der Kette nicht lösen, so dass dieses Raupenprojekt im Prototypenstadium steckenblieb.

Technische Daten der Heumann-Raupe

Typ	1. Bauj.	Motor	Z	PS	Kühl.	BxH	Hubr.	Drehz.	Gew.	Getr.	Besonderheiten
Heumann-Raupe	1931	Deutz	1	10	V	100x140	1100	1500	1500		Dieselmotor?

A. Hummel & Söhne, Landmaschinen- u. Fahrzeugbau, Heitersheim (1952-1960).

Das Hummel-Werk, gegründet 1862, baute nach dem Zweiten Weltkrieg vorwiegend Einachsschlepper. Mit einer zusätzlichen Achse und einem Knicklenker-Mechanismus konnte der Antriebsteil zu einem Vierradschlepper erweitert werden. Diese Konstruktion ließ sich unter Arretierung der Knicklenkung mit einem Raupenband über den Rädern auch zu einer Weinbergraupe umgestalten. Diese Behelfsraupe unter den Bezeichnungen DE 52 SL, später DE 58 KS erhielt 10- und 12-PS-Fichtel & Sachs-Motoren. Die Getriebe stellte das Hummel-Werk selbst her.

10-PS-Hummel-Kleinraupe DE 52 SL (1952).

Maschinenfabrik Ingelheim, Ingelheim (1932 und 1938?).

Die heute nicht mehr ausfindig zu machende Maschinenfabrik Ingelheim fertigte im Jahre 1932 eine der ersten speziell für den Weinbau entwickelte Kleinraupe unter der Bezeichnung »Klettermaxe«. 1938 erscheint in der Literatur nochmals eine Firma Gebr. Vielhaben, Hamburg 23, die den »Klettermaxe« anbot.

Weinbergraupe »Klettermaxe« der Ingelheimer Maschinenfabrik (1932).

Technische Daten der Hummel-Kleinraupen

Typ	1. Bauj.	Motor	Z	PS	Kühl.	BxH	Hubr.	Drehz.	Gew.	Getr.	Besonderheiten
DE 52 SL	1952	F & S	1	10	W	80x100	499	2000		6/2	Zweitakt-Diesel
DE 58 KS	1958	F & S	1	12	L	88x100	604	2200	950	6/2	dito.

Kaelble

Carl Kaelble GmbH, Backnang (1970-1985?).

Die Motoren- und Zugmaschinenfabrik Kaelble nahm 1939 die Fertigung der schwersten europäischen Raupe, Typ »PR 125« auf, die vorwiegend für die Organisation Todt (OT) gebaut und für Planierarbeiten eingesetzt wurde.
In den 70er und 80er Jahren baute die Kaelble-Raupenbau-Abteilung schwere Raupen der Ausführungen PR 12 und PR 14 M mit 155-PS-Daimler-Benz-Motoren für den Mooreinsatz und zum Ziehen von Tiefpflügen (aus eigener Fertigung) bei Meliorationsarbeiten in der Land- und Forstwirtschaft. Mittels schwerer Trocken-Mehrscheibenkupplungen und Bandbremsen ließen sich die Raupen steuern. In die Fertigung, insbesondere für das Dreigang-Spezialgetriebe war die angeschlossene Firma Gmeinder & Co. GmbH in Mosbach/Baden zuständig.

155 PS starke Kaelble-Gmeinder-Raupe PR 12 mit Tiefenlockerungsgerät TLG 12 von 1988.

Technische Daten der Kaelble-Raupen

Typ	1. Bauj.	Motor	Z	PS	Kühl.	BxH	Hubr.	Drehz.	Gew.	Getr.	Besonderheiten
PR 125	1939	Kaelble	6	125	W	130x180	14330	1400	15000	4/2	
PR 12	1970	Daimler-Benz	6	155	W	115x140	8720	2300	12500	3/3	
PR 14 M	1970	Daimler-Benz	6	155	W	115x140	8720	2300	14400	3/3	

Klöckner-Humboldt-Deutz AG, Köln (1945-1965?).

Im Ulmer Magirus-Zweigwerk konnte die KHD nach Ende des Zweiten Weltkrieges aus noch vorhandenen Teilesätzen den »Waldschlepper RS 1500« fertigen, der aus dem Raupenschlepper Ost/RSO hervorgegangen war. Das Fahrzeug bestand aus einem tragenden Wannengehäuse für das Kettenlaufwerk und einer Pendel-Vorderachse. Gegenüber dem Kriegsmodell war das Kettensystem um zwei Laufräder verringert, dafür war die »Halbraupe« mit einer Vorderachse erweitert worden. Die Schneckenlenkung auf die Vorderräder steuerte bei starkem Lenkeinschlag über Seilzüge die Argus-Scheiben-Bremsanlage der jeweiligen Kette. Der im Zweigwerk Oberursel entwickelte luftgekühlte Dieselmotor mit 65/70 PS kam in dem Kettenschlepper wie schon bei den RSO-Typen zum Einbau. Auf der Ladepritsche konnte eine Last von 1,5 Tonnen mitgeführt werden. Magirus lieferte die 1460 bis ins Jahr 1947 gebauten Exemplare vor allem an die Forstwirtschaft.

1952/53 folgte die Vollraupe F4L 514 mit Vierzylindermotor, der stark vorderlastig angebracht und mit einer abgerundeten Haube verkleidet war. Das Halbrahmen-Kettenfahrzeug besaß zwei starke Holme am Getriebegehäuse, die den Motor trugen. Die um die Antriebswellen schwingenden Leitradkästen waren unter dem Motor durch querliegende Federblätter abgestützt. Vier oder fünf untere Laufollen sowie eine obere Rolle stützten das Kettenlaufwerk der 60-PS-Raupe ab. Ein einfacher Kegeltrieb (Ritzel und Tellerrad) gab den Kraftfluss auf die Endvorgelege ab. Die Lenkung erfolgte über Lenkkupplungen (Lamellen) und bei engem Wendedurchmesser zusätzlich durch Lenkbremsen (Bremstrommeln). Auflageplatten für Kettenbreiten von 350, 400 und 460 mm konnten aufmontiert werden; hinzu kam eine Moorspur von 600 mm. Die zunächst vorne senkrecht abfallende Haube erhielt in der Mitte der 50er Jahre eine gefälligere, geneigte Form.

Die größere 90-PS-Version F6L 514 sowie die späteren Deutz-Raupen (DK-Baureihe) waren vor allem für Bauzwecke konzipiert, so dass nur noch wenige derartige Raupen in die Land- und Forstwirtschaft gelangten.

65/70-PS-Magirus-Raupe »Waldschlepper« der KHD (1946).

Technische Daten der Klöckner-Humboldt-Deutz-Raupen

Typ	1. Bauj.	Motor	Z	PS	Kühl.	BxH	Hubr.	Drehz.	Gew.	Getr.	Besonderheiten
RS 1500 »Waldschlepper«	1946	Deutz	4	65/70	L	110x140	5322	2100	3800	4/1	
60-PS-Raupe F4L 514	1953	Deutz	4	60	L	110x140	5322	1650	5400/5770	5/3	
90-PS-Raupe F6L 514	1953	Deutz	6	90	L	110x140	7983	1650	8950	5/3	auch 5/4-Getriebe
DK 75	1959	Deutz	4	65	L	110x140	5322	1800	5990	5/3	
DK 100	1961	Deutz	6	100	L	110x140	7983	1800	8950–9120	5/4	

60-PS-Deutz-Raupe F 4 L 514 (1952).

60-PS-Deutz-Raupe F 4 L 514 (1952).

60-PS-Deutz-Raupe F 4 L 514.

90-PS-Deutz-Raupe F 6 L 514 (1954).

65-PS-Deutz-Raupe DK 75 (1961).

Kraftfahrzeugtechnische Prüfungskommission, Berlin (1918).

Das Preussische Kriegsministerium ließ 1917 durch Joseph Vollmer innerhalb der Kraftfahrzeugtechnischen Prüfungskommission ein leichtes Raupenfahrzeug (»L. K.« für »Leichter Kampfwagen«) entwickeln, bei dem die Kette vorne über einen schräggestellten Kasten mit vier Rollen und einem oberen, nach vorne versetzten Leitrad sowie hinten über ein Kettenrad geführt wurde. Durch Abbremsen der Differentialhälften erfolgte die Lenkung der Raupe. Bis Ende 1919 sollten 4000 Exemplare des L.K.I gebaut werden. Nach dem Waffenstillstand wurde das in 75 Exemplaren vorhandene Basisfahrzeug mit behelfsmäßigem Fahrerstand von dem Reichsverwertungsamt als »Friedensmaterial« auf dem Versuchsgut der Landwirtschaftskammer Müncheberg vorgeführt. Als »Landwirtschaftlicher Kettenschlepper/L. K.« sollten die mit gebrauchten 55/60-PS-Lkw-Motoren versehenen Fahrzeuge einem zivilen Zweck zugeführt werden. Auch wenn der angekündigte Verkaufspreis nur etwa zwei Drittel des Fertigungspreises betragen sollte und die Berliner Industrie im Rahmen von Notstandsarbeiten an der Komplettierung beteiligt werden sollte, kam die Fertigung für die Landwirtschaft nicht zustande. Die Fahrzeuge konnten in demontiertem Zustand jedoch an die Schwedische Armee verkauft werden, für deren Zwecke die Raupen sicher besser geeignet waren als für die deutsche Landwirtschaft.

LK-Raupenfahrgestell bei der Vorführung (1919).

Technische Daten der L.K.-Raupen

Typ	1. Bauj.	Motor	Z	PS	Kühl.	BxH	Hubr.	Drehz.	Gew.	Getr.	Besonderheiten
L.K.	1918		4	55/60	W				3800		Kampfwagen-Basis

Heinrich Lanz AG, Mannheim (1934-1946).

Erste Erfahrungen in der Gleisketten-Fahrzeugtechnik sammelte die Landmaschinenfabrik Heinrich Lanz 1914-18 mit dem Bau schwerer Artillerie-Zugmaschinen, jedoch ohne die gewonnenen Erfahrungen nach dem Krieg anzuwenden.
Richtige Bulldog-Raupenfahrzeuge entstanden 1928 mit Ritscher-Anbauraupen, wobei der 22/28-PS-Bulldog HR 2 mit dieser Laufwerkskonstruktion kombiniert wurden. 1933/34 lieferte Lanz 25 HR 6 22/38-PS-Bulldog als Rumpffahrzeuge an Ritscher, wo man das Fahrzeug mit Kettenlaufwerken versah.
1934 rüstete das Lanz-Werk den HR 8-Typ mit 30/38 PS zu einem Kettenschlepper aus. Die Lenkung erfolgte jetzt nicht mehr durch Abbremsen einer Antriebswelle, sondern durch Abkuppeln und, falls notwendig, durch zusätzliches Abbremsen einer Kette. Die Rollenkästen wurden vorne an einer starren, aber pendelnd aufgehängten Achse geführt.
Ab 1937 kam ein 50/55-PS-Glühkopfmotor in die Raupe HRK bzw. D 1551. 1940/42 wurde dieses Modell von der Raupe D 1561, ebenfalls mit 55-PS-Motor, abgelöst. Über ein vorn querliegendes Federpaket wurden auch hier die Rollenkästen mit vier unteren und einer oberen Rolle abgestützt. Für enge Kurven und das Drehen auf der Stelle gab es Lamellen-Lenkkupplungen, betätigt durch die beiden Lenkhebel, sowie zusätzliche, über Pedale betätigte Lenkbremsen. Bis Kriegsende baute Lanz 2437 Raupen dieses Typs; danach sind noch einige im Jahre 1946 aus Restbeständen entstanden.

38-PS-Lanz-Raupe Bulldog HR 8 (1933).

55-PS-Lanz-Raupe Bulldog Version D 1561(1942).

Technische Daten der Lanz-Raupen

Typ	1. Bauj.	Motor	Z	PS	Kühl.	BxH	Hubr.	Drehz.	Gew.	Getr.	Besonderheiten
Bulldog-Raupe HR 6	1930	Lanz	1	38	W	190x220	12469	630			Glühkopfmotor u. folgende
Bulldog-Raupe HR 8	1933/34	Lanz	1	50/55	W	225x260	10338	750			
Bulldog-Raupe D 1561	1939/42	Lanz	1	55	W	225x260	10338	750	5280	6/2	

Schlepperfabrik Hermann Lanz GmbH, Aulendorf/Württ. (1959/60).

Das Hermann Lanz-Werk (Marke Hela) bot ihren Spezialschlepper »Varimot« für kurze Zeit auch als Kleinstraupe an. Da das Kompakt-Radfahrzeug der ersten Versionen über das Abbremsen des jeweiligen Vorderrades gesteuert wurde, konnte ohne technische Veränderungen eine Raupenausführung entstehen. Das 14 PS starke, 850 mm breite Fahrzeug fand in der Bauwirtschaft, in der Industrie, im Wein- und Obstbau sowie in der Forstwirtschaft Verwendung.

14-PS-Hela-Raupe Varimot in Serienausführung (1959).

Technische Daten der Hela-Raupe

Typ	1. Bauj.	Motor	Z	PS	Kühl.	BxH	Hubr.	Drehz.	Gew.	Getr.	Besonderheiten
Varimot	1959	Farymann	1	14	L	105x130	1125	1750	1100	5/1	

Linke-Hofmann-Werke AG, Werk Breslau. (1926) Linke-Hofmann-Lauchhammer AG, Breslau. (1927-1928 Linke-Hofmann-Werke AG. (1928-1933 Linke-Hofmann-Busch AG. (1934-1936 Linke-Hofmann-Werke AG. (1950-1958) Linke-Hofmann-Busch, Waggon-Fahrzeug-Maschinen GmbH, Salzgitter-Watenstedt.

Dipl.-Ing. Paul Friedrich Stumpf, der 1918 für das Hüttenwerk Malapane in Oberschlesien schwere Radschlepper konstruiert hatte, ging 1923 zu den Linke-Hofmann-Lauchhammer-Werken. wo er 1926 die Stumpf- oder LWL-Raupe Typ A in Rahmenbauart schuf. Die starren Laufrollenkästen konnten sich unabhängig voneinander federnd in der Senkrechten bewegen und wurden über ein vorderes Federpaket an der Achse abgestützt. Anfänglich kamen Lenkstöcke zum Einsatz, durch die Bremsbänder angezogen werden konnten. Die »Knüppellenkung« ersetzte Stumpf bald durch ein Doppel-Lenkradsystem: Während das obere Lenkrad zur Richtungsänderung diente, musste das tieferliegende Lenkrad beim Bremsvorgang gedreht werden. Dieses System wurde bis in die Nachkriegszeit bei den Erzeugnissen des VEB Brandenburger Traktorenwerks beibehalten.
Die als »starke Arbeitsmaschine für die Land- und Forstwirtschaft« bezeichnete Raupe besaß einen Kämper-Vergasermotor von 50 PS. Auf der Straße konnte das Fahrzeug konkurrenzlos 14 km/h erreichen!
Ende 1927 entstand der Typ F in rahmenloser Bauart; der 50-PS-Motor und das Getriebegehäuse bildeten den selbsttragenden Rumpf. In der Beschreibung des LHB-Dieselmotors wurde der Einsatz der heute wieder aktuellen Pumpe-Düse-Technik hervorgehoben. Vermutlich hat sich das System damals nicht bewährt, so dass schon bald ein neuer 55-PS-Diesel mit zentraler Einspritzpumpe verwendet wurde. Die eingebauten »Leicht«-Dieseltriebwerke waren von der Berliner Motorenfabrik Kämper für Linke-Hofmann-Busch entwickelt worden und arbeiteten nach dem Wälzkammer-Verfahren.
Mit dem Erwerb einer Lizenz der verschleißfreien Cletrac-Doppeldifferential-Lenkung, die bei Kurvenfahrten eine Verzögerung des bogeninneren und eine Beschleunigung des bogenäußeren Treibrades bewirkt, besaß das schlesische Waggonbauunternehmen ab 1929 ein modernes System, das nun in die Raupen eingesetzt werden konnte; das somit ausgestattete und überarbeitete Fahrzeug erhielt zu Beginn der dreißiger Jahre die Bezeichnung »Rübezahl«.
1935 kam die kleinere Raupenversion »Boxer« mit 40/42 PS hinzu, vorgesehen als »wirksame Maschine für die Waldbodenkultivierung und für die Arbeit im schweren Ackerboden«. Im gleichen Jahr wurde der Schlepperbau an Junkers verkauft, wo man diesen Fertigungszweig unter der Bezeichnung FAMO weiterführte.
Nach dem Krieg wandten sich die in Salzgitter-Watenstedt neugegründeten Linke-Hofmann-Busch-Werke wieder dem Waggon- und Schlepperbau zu; Standort waren die eigentlich zur Demontage vorgesehenen ehemaligen Stahlwerke Braunschweig.

50-PS-LHW-Raupe Typ A (»Stumpf-Raupe«), ein Versuchstyp von 1927.

Linke-Hofmann-Busch

Parallel zur den Radschleppern entwickelte man eine Kleinraupe für die Land- und Forstwirtschaft bzw. den Weinbau. Nachdem der erste Versuchstyp in Blockbauart mit zwei pendelnd aufgehängten Laufwerksrahmen, Hinterachsantrieb und 22-PS-Henschel-Diesel nicht überzeugen konnte, entstand unter Dipl.-Ing. Heinrich Ernst Kniepkamp eine Version mit kräftigem Stahlrohr-Tragrahmen für den Motor-Getriebeblock, den Kühler, die Lenkung und das Armaturenbrett sowie zur Aufnahme der Zug- und Stoßkräfte. Antrieb und Lenkung erfolgten über ein Cletrac-Doppeldifferential auf die Vorderachse. Lenkbremsen unterstützten den Kurvengang. Analog zum seinem früheren Kettenkrad verwendete Kniepkamp ein Schachtellaufwerk mit drei torsionsstabgefederten Laufrädern mit Gummi-Bandagen.
Mit Zweizylinder-Primus- und Güldner-Dieselmotoren sowie mit einem Vierzylinder-Vergasermotor aus dem Ford-Taunus testete die LHB die erstmals 1951 vorgestellten Prototypen. In der 1953 anlaufenden Serienfertigung verwendete das

50-PS-LHW-Raupe »Stumpf«; ein Versuchstyp von 1919.

Technische Daten der Linke-Hofmann-Busch-Raupen

Typ	1. Bauj.	Motor	Z	PS	Kühl.	BxH	Hubr.	Drehz.	Gew.	Getr.	Besonderheiten
Typ »A« (Stumpf-Raupe)	1926	Kämper	4	50	W	103 x166	5530	1200	2800–3100	3/1	ab 1929 55 PS
Typ »LHW«	1927	Kämper	4	52	W	103 x166	5530	1150		3/1	
Typ »F« (Leichtdiesel)	1927/29	LHW	4	50	W	115 x165	6850	1200			Diesel u. folgende
Rübezahl	1929/31	LHB	4	55	W	125 x175	8585		3200–3900	2/1 (?)	
Boxer	1932	LHB	4	42	W	105 x145	5022	1200	3500	3/1	
Rübezahl	1932		4	55	W	125 x170	8345	1100		3/1	
Rübezahl	1932	LHB	4	60	W	125 x175	8586	1150	4700	3/1	
Boxer	1933	Kämper	4	40	W	100 x142	4461	1250		3/1	
Boxer	1933	Kämper	4	50	W	110 x160	6082	1150		5/1	
Rübezahl	um 1933	Daimler-Benz	4	55	W	125 x170	8345	1100		5/1	
Boxer	1935	LHB	4	40	W	105 x145	5022	1200	3500	5/1	
Rübezahl	1935	LHB	4	60	W	125 x175	8586	1150	8500	5/1	
Leichtraupe	1950	Henschel	2	22	W	90 x125	1590	1800		5/1	Prototyp
Leichtraupe	1951	Primus	2	24	W	100 x120	1870	1800			Prototyp
Leichtraupe	1951	Güldner	2	22	W	95 x115	1620	1800			Prototyp
Leichtraupe	1951	Ford	4	34	W	63,5x 92,5	1172	4250			Vergasermotor, Prototyp
Robot (LHR 25)	1951	Modag	2	25	W	105 x120	2077	1800	1500–1850	5/1	Nullserie, auch 22 PS
Robot (LHR 25)	1953	Modag	2	25	W	105 x120	2077	1800	1750–1925	5/1	Serienausführung
Robot	1956	Modag-Primus	2	20/22	W	105 x120	2077	1620	1925	5/1	

50-PS-LHB-Raupe in Serienausführung (1929).

Werk den von der MODAG-Motorenfabrik Darmstadt nachgebauten Primus-Motor mit 25 PS. Auswechselbare Verschleissringe auf den Laufrädern ersetzten die Bandagen.
Eine Geschwindigkeit bis zu 15 km/h konnte die »Leichtraupe Robot« erzielen, die in den Versionen Normal- und Schmalspur (für den Einsatz im Weinberg) sowie als Planierraupe angeboten wurde.
Die Absatzzahlen befriedigten jedoch nicht, auch wenn mit der Planierraupenversion (mit auf 20 PS gedrosseltem Motor) der Baumarkt erschlossen werden sollte. Im Jahre 1958 gab die LHB diesen Fertigungszweig auf.

55-PS-LHB-Raupe »Rübezahl« mit schräggestellter Lenksäule (1931).

50-PS-LHB-Raupe »Rübezahl« (1936).

LHB-Raupen mit 22-PS-Henschel-Motor, Prototyp von 1950.

25-PS-LHB-Raupe Robot mit Schachtellaufwerk (1953).

LHB-Raupe Robot mit Weinberg-Seilwinde.

Maurer

Maurer, Berlin-Karlshorst (1923).

Im Jahre 1923 erschien der »Kobold-Laufkettenschlepper« mit einem 15/16-PS-Motor von Dipl.-Ing. Maurer. Der Laufkettenrahmen war um die angetriebene Vorderachse schwenkbar; zwei Stützräder unten sowie eines oben dienten der Kettenführung, wobei eine stabile Gliederkette (Schiffskette) verwendet wurde. Der Antrieb erfolgte durch eine Kettennuss. Ein »Höchstmaß an Vereinfachung und Robustheit« sollte das Gerät auszeichnen.

15/16 PS Kobold-Laufkettenschlepper von Maurer (1923).

Technische Daten der Maurer-Raupe

Typ	1. Bauj.	Motor	Z	PS	Kühl.	BxH	Hubr.	Drehz.	Gew.	Getr.	Besonderheiten
Kobold	1923		4	16	W			1100	1340		

Hüttenwerk, Eisengießerei und Maschinenfabrik Michelstadt AG, Michelstadt (1952-1962).

Das auf landwirtschaftliche Maschinen spezialisierte Werk erwarb 1952 eine Lizenz zum Bau der Blank-Raupe. Mit 10- und 12-PS-ILO- sowie 12- und 14-PS-Stihl-Zweitakt-Dieselmotoren stattete das Hüttenwerk die nur 630 mm breiten Kleinraupen mit Doppellaufrollenwerk und Antriebs- sowie Leitrad aus. Lenkkupplungen und Lenkbremsen dienten der Steuerung. Ab 1956 bzw. 1959 erhielten die Raupen die Bezeichnungen URG 12 und URG 14 (Universal-Raupengerät). Für die Straße konnte man auf die Achsen luftbereifte Räder setzen.

12-PS-Kleinraupe »Unirag« des Hüttenwerks Michelstadt (1955).

12-PS-Kleinraupe »Unirag« des Hüttenwerks Michelstadt (1954).

1961 erhielten die Fahrzeuge die Bezeichnung »Büffel«. Die Lenkung erfolgte über Lenkbremsen mittels Doppelscheibenbremsen. Die Spurbreiten betrugen 580, 625 und 770 mm. Neben Seriengetrieben kamen ab 1959 angeblich auch eigene Getriebe zum Einbau.
Mit der Übernahme des Werkes durch die britische Firma Howard Rotavator endete 1962 nach etwa 400 HWM-Raupen die Produktion.

Technische Daten der Hüttenwerk Michelstadt-Raupen

Typ	1. Bauj.	Motor	Z	PS	Kühl.	BxH	Hubr.	Drehz.	Gew.	Getr.	Besonderheiten
Unirag	1952	F & S	1	10	W	80x100	499	2000			
Unirag	1954/55	ILO	1	10	L	90x104	660	2000	850	4/1	
Unirag III/56	1956	ILO	1	12	L	90x104	660	2000	950	3/1	auch 5/2-Getriebe
URG 12 Büffel	1959	Stihl	1	14	L	90x120	763	1850	1000	5/2	auch 3/1-Getriebe
HWM Büffel	1959	F & S	1	12	L	88x100	850	2200			
HWM 280 (URG 12 Büffel)	1961	ILO	1	12	L	90x104	660	2000	950	5/2	

Mulag

MULAG Fahrzeugwerk Heinz Wössner KG, Bad Peterstal-Griesbach (1978-1982).

Das MULAG-Werk stellte ab 1978 die vom Fahrersitz aus oder per Funksteuerung bedienbare Mähraupe Typ RM 40 für Mäh- und Kultivierungsarbeiten in unwegsamen Gelände her. In Leichtbautechnik wurde ein Aluminium-Rahmen in Alu-Speziallegierung mit einem 45-PS-VW-Dieselmotor verwendet. Für die Hangarbeit war der Motor mit einer besonderen Ölwanne ausgestattet. Der Antrieb erfolgte hydraulisch über Axialkolben-Verstellpumpen und Konstantmotoren. Das Leichtmetall-Spezial-Raupenband wurde über fünf Rollen mit Vulkollanlaufflächen geführt. sollten das Spezialfahrzeug auszeichnen. 1982 folgte noch das Modell RM 50.

40-PS-MULAG-Mähraupe RM 40 (1979).

50-PS-MULAG-Mähraupe RM 50 (1982).

Technische Daten der MULAG-Mähraupen

Typ	1. Bauj.	Motor	Z	PS	Kühl.	BxH	Hubr.	Drehz.	Gew.	Getr.	Besonderheiten
Mähraupe RM 40	1978	VW	4	45	W	76,5x86,4	1587	4000	1600		D, hydrostatischer Antrieb
Mähraupe RM 50	1982	VW	4	50	W	76,5x86,4	1587	4000			D, hydrostatischer Antrieb

Hanomag-Raupe K 65.

Deutz-Raupe F 4 L 514.

LHB-Leichtraupe Robot.

Podeus Raupenschlepper.

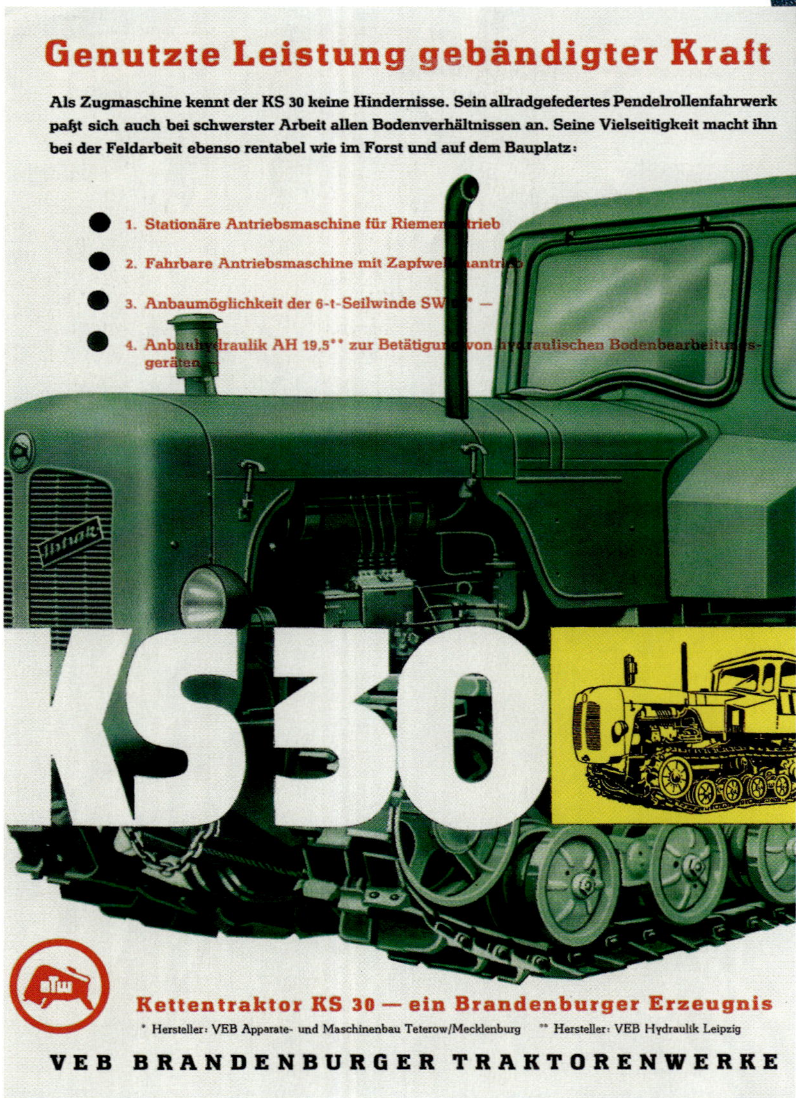

Kettentraktor KS 30 des VEB Brandenburger Traktorenwerke.

Seilzugaggregat SZ 24 des VEB Mähdrescherwerkes Weimar.

Neckarsulmer Fahrzeugwerke AG (NSU), Neckarsulm (1945-1948).

Das von Dipl.-Ing. Heinrich Ernst Kniepkamp entworfene Kettenkrad war während des Krieges von NSU in Neckarsulm und von Stoewer in Stettin hergestellt worden. 1945 verfügte die US-Militärregierung in Nordwürttemberg den Weiterbau des Fahrzeugs in Neckarsulm für die Forstdirektion in Stuttgart.
Das Fahrzeug bestand aus einer Stahlblechwanne mit vier Traversen. Vorne war wie beim Motorrad eine Vorderradgabel mit Rad und Lenker angebracht. In den Traversen befanden sich Torsionsstäbe für die Federung des Schachtellaufwerkes. Ein Opel-Motor von 35 PS trieb über ein Dreiganggetriebe und ein Stufenvorgelege für Gelände und Straßenfahrt die Vorderachse an. Gelenkt wurde über ein Hebelsystem der Lenkstange, das auf das Cletrac-Doppeldifferential wirkte. Das nur einen Meter breite Zwitterfahrzeug mit einer Spurweite von 816 mm konnte 65 km/h erreichen. Bis 1948 gingen 550 Exemplare an die Land- und an die Forstwirtschaft.

35-PS-NSU-Kettenkrad für die Forstwirtschaft (1949).

Vorführung des NSU-Kettenkrades mit Rücke-Einachsschlepper (1949).

Technische Daten der NSU-Kleinraupe

Typ	1. Bauj.	Motor	Z	PS	Kühl.	BxH	Hubr.	Drehz.	Gew.	Getr.	Besonderheiten
NSU Kettenkrad HK 101	1945 - 46	Opel	4	35	W	80x74	1488	3500	1235	3/1	Vergasermotor, zusätzliches Vorgelege

Niko

Niko GmbH, Maschinen- u. Fahrzeugbau, Bühl (1991-heute).

Ausgangspunkt der 1975 von den Geschäftsleuten Nippert gegründeten Firma Niko war zunächst der Vertrieb, später die Herstellung von Pflanzenschutzgeräten. 1991 ging das Unternehmen zum Bau einer Kleinraupe Typ HY 48 über. Für den Einsatz im Steillagen-Weinbau besitzt dieses Modell einen vollhydraulischen Antrieb mit Joysticksteuerung. An die Hydraulik können Anbaugeräte angeschlossen werden. Angetrieben werden die Hydromotoren durch einen Vier- oder Fünfzylinder-Kubota-Diesel mit 48 oder 60 PS. 1999 folgte die überarbeitete Version HY 48/2000; hinzu kamen spezielle Ausführungen für den Export nach Frankreich und Kalifornien.

Weitere Produkte des Niko-Werkes sind Palmscheren, allradgetriebene Spritzwagen, Überzeiler für Tannenbaumkulturen, Minibagger, handgeführte und aufsitzbare Raupen-Minitransporter sowie Werkzeuge für den Wein- und Obsterntebereich.

48-PS-Niko-Kleinraupe HY 48 mit hydrostatischem Antrieb (1998).

Technische Daten der Niko-Kleinraupen

Typ	1. Bauj.	Motor	Z	PS	Kühl.	BxH	Hubr.	Drehz.	Gew.	Getr.	Besonderheiten
Niko HY 48	1991	Kubota	4	48	W	87x92,4	2197	2500	1000		hydrostatischer Antrieb
Niko HY 48	1991	Kubota	5	60	W	87x92,4	2746	2500			hydrostatischer Antrieb
Niko 48/2000	1999	Kubota	4	48	W	87x92,4	2197	2500	950		Hydrostatischer Antrieb

48-PS-Niko-Kleinraupe HY 48/2000 mit hydrostatischem Antrieb (1999).

Niko-Raupe im Weinberg.

Podeus

Podeus-Automobilwerke, ab 1921 Motorpflugfabrik Paul H. Podeus, Wismar (1919-1922) Motorpflugfabrik Paul H. Podeus (1922-1926) Maschinenfabrik Podeus AG.

Die Deutsche Automobil-Construktions GmbH hatte während des Ersten Weltkrieges einen Kettenschlepper für die Automobilfabrik Podeus entworfen, der anschließend unter der geschützten Bezeichnung »Raupenschlepper« gebaut wurde. Bei ihm trieb ein eigener 45-PS-Vierzylindermotor die hinteren Kettenräder über ein Dreiganggetriebe an. Zwischen Leit- und Antriebsrad erfolgte die Kettenführung über zwei bewegliche Rollenwagen mit jeweils vier Rollen unten und einer Rolle oben, die durch sechs kräftige Schraubenfedern auseinandergedrückt wurden.

Eine beidseitige Konuskupplung am differentiallosen Antrieb diente zur Lenkung. In der verbesserten Ausführung war das Laufwerk verkleidet, um Verschmutzung vorzubeugen. Weil der eigene Motorenbau inzwischen eingestellt war, kam ein großvolumiger Kämper-Motor mit 40/45 PS in das mit 6,4 Tonnen Eigengewicht sehr schwere Fahrzeug zum Einsatz.

Wenn auch die Anpassungsfähigkeit des Laufwerks durch die beiden Rollenwagen einen Pluspunkt darstellte, bewährte sich der veraltete Kämper-Motor jedoch nicht. Auch die Reparaturanfälligkeit und hohe Ersatzteilkosten kratzten am Ruf des »Raupenschleppers«. Schließlich bot Podeus ein Raupenfahrgestell an, das der Kunde mit einem geeigneten Radschlepper nach Demontage der Räder kombinieren konnte.

Anschließend hielt sich das Unternehmen noch eine Zeitlang mit der Montage des Fordson-Schleppers über Wasser. Die Patente für die Raupe sollen angeblich an die Stock Motorpflug AG in Berlin abgegeben worden sein. Die wirtschaftlich schwierigen Verhältnisse jener Jahre konnte die zeitweise vom schwedischen Kahn-Konzern kontrollierte Firma nicht überstehen. 1926 wurde die Lkw-, Schlepper und Landmaschinenfertigung stillgelegt.

45-PS-Podeus-Raupe (1919).

Technische Daten der Podeus-Raupe

Typ	1. Bauj.	Motor	Z	PS	Kühl.	BxH	Hubr.	Drehz.	Gew.	Getr.	Besonderheiten
»Raupenschlepper«	1919	Podeus	4	45	W	110x145	5509	900	6000	3/1	
»Raupenschlepper«	1921	Podeus	4	40/45	W	130x155	8225	800 - 900	6400	3/1	

40-PS-Podeus-Raupe mit überdecktem Führerstand (1920).

40-PS-Podeus-Raupe beim Baumfällen (1921).

40-PS-Podeus-Raupe mit Detailerläuterungen (1920).

Pöhl

Pöhl Apparate GmbH, Berlin, Werk Gößnitz, Kreis Altenburg (1928-1932).

Die Pöhl-Werke waren seit 1911 in der Tragpflug- und Radschlepperfertigung aktiv. Nach 1918 stellte das Unternehmen die als »Ackerbaumaschine« bezeichnete Zugmaschine mit Ladepritsche für den Einsatz auf großen Landgütern her.

1928 konnte Pöhl einen kompakten Kleinschlepper präsentieren, der sich sowohl als Rad- als auch als Kettenschlepper verwenden ließ. Der Fahrer saß auf einer hinten überhängenden Sitzschale und steuerte über Lenkkupplungen die Kleinraupe mit einem Lenkrad bzw. mit einem Motorradlenker. Die vorderen Leiträder wurden über Querblattfedern abgestützt. Die Düsseldorfer Maschinen- und Kranbau AG (MUKAG) erwarb 1922 das Unternehmen; zehn Jahre später erzwang die wirtschaftliche Lage eine Einstellung der Produktion. Mit einem Einheitstraktor (Generatorantrieb) begab sich die MUKAG 1938 erneut in den Schlepperbereich. Nach dem Krieg wurde die auf Getriebe und Werkzeugmaschinen spezialisierte Fabrik enteignet.
1963/66 wurde das Werk mit dem benachbarten Apollo-Plantector-Werk zur Gößnitzer Pumpen- und Pumpenanlagenfabrik zusammengeführt. Heute führt das Werk den Namen Apollowerk Gößnitz GmbH. Anzufügen ist, dass das Bankhaus Leo Gottwald die Kranbaufirma in den zwanziger Jahren übernommen hatte und in Düsseldorf bis in die 80er Jahre Kranfahrzeuge unter dem Namen Gottwald herstellte.

28-PS-Pöhl-Raupe »Zugmotor« (1930).

Technische Daten der Pöhl-Raupen

Typ	1. Bauj.	Motor	Z	PS	Kühl.	BxH	Hubr.	Drehz.	Gew.	Getr.	Besonderheiten
R 3	1930	Pöhl	4	22	W	84x130	2880	1200		3/1	
AR	1930	Dorner	4	30	W	95x160	4534	1000		3/1	Diesel
Radraupe »Zugmotor«	1931	Dorner	4	28	W	95x160	4534	900	1920	3/1	Diesel

Waggonfabrik Josef Rathgeber AG, München-Moosach, FAMO Vertriebsgesellschaft mbH (1952-1957).

Um 1952 nahm die Münchener Waggonfabrik den Nachbau der FAMO-»Boxer«-Raupe auf. Gegenüber dem zunächst angebotenen Originalmodell waren für die Serienmodelle das Laufwerk und das FAMO-Rathgeber-Viergang-getriebe verbessert worden. Ein wassergekühlte 50/52-PS-Kämper-Motor kam zum Einbau. Die Haltbarkeit der Platten – ein ständiges Problem der deutschen Kettenschlepper – wurden durch Gesenkschmiedung und Härtung gegenüber den Breslauer Stahlprofilplatten deutlich erhöht.
Ab 1957 kam auch ein luftgekühlter MWM-Motor mit 55 PS zum Einbau. Über ein Lenkrad, über eine Lenkstange oder über Lenkhebel steuerte der Fahrer das mit dem Doppel-Differential-Getriebe ausgestattete Fahrzeug. Angeboten wurden eine Schmalspur-, eine Normal- und eine Weitspur-Ausführung (letztere mit aufgeschraubten Moorplatten). Die leichtere, in Halbrahmen-Bauart ausgeführte Version G 36-1 bekam den luftgekühlten 36-PS-MWM-Diesel, das Modell G 36 einem wassergekühlten 40-PS-Perkins-Diesel. Der Rahmen stützte sich hinten an den beiden Zapfen der Achse und vorn an einem Silentbloc der vorderen Abstütztraverse ab. Die Laufrollen waren mit Vollgummireifen aus »hochverschleissfestem Kunstgummi« versehen. Das Getriebe stellte Rathgeber selber her. Ein angekündigter Weiterbau der »Rübezahl«-Raupe kam indes nicht zustande. Das im Bau von Eisenbahnwaggons, Straßenbahnen, Oberleitungsomnibussen und Anhängern, Fahrzeugaufbauten und Rolltreppen einst bekannte Werk ist 1986 von dem Münchener Aufbautenhersteller F. X. Meiller übernommen worden.

45-PS-Rathgeber-FAMO-Raupe »Boxer« (1953).

65-PS-Rathgeber-FAMO-Raupe »Boxer« (1957).

Technische Daten der FAMO-Rathgeber-Raupen

Typ	1. Bauj.	Motor	Z	PS	Kühl.	BxH	Hubr.	Drehz.	Gew.	Getr.	Besonderheiten
Boxer	1950	Kämper	4	42	W	105x145	5022	1250	3500	3/1	FAMO-Reko-Typ
Rübezahl	1950	Kämper	4	60/65	W	125x175	8586	1150	4700	3/1	FAMO-Reko-Typ
Boxer 45 PS	1951	Kämper	4	45	W	105x145	5022	1250	4200	4/1	
Boxer	1951	Kämper	4	50/52	W	100x142	4461	1420–1500	4300	4/1	
Boxer		MWM	4	55	W	105x120	4160	1500	4280	4/1	
G 36	1956	Perkins	4	40	W	108x120,6	4430	1500	3081	4/2	
G 36-1	1956	MWM	4	36	L	98x120	3618	1500	3100	4/2	

Ritscher

Heinrich Wilhelm Ritscher, Abt. Moorburger Trekkerwerke GmbH, Hamburg-Moorburg, (1920-1928) Heinrich-Karl Ritscher, (1928-1931) Moorburger Treckerwerke GmbH, vorm. H. W. Ritscher (1942) Karl Ritscher Moorburger Treckerwerke GmbH, vorm. H. W. Ritscher.

Die Moorburger Trekkerwerke (MTW) begannnen 1920 mit dem Bau von Klein-Raupenschleppern für die Landwirtschaft. 1924 begann der Serienbau der Raupe Typ »M« mit 27-PS-Kämper-Motor. Eine Rollenkette im Laufkettenrahmen drückte die Kette zwischen Leit- und Antriebsrad anpassungsfähig und vollständig auf den Boden. Mit Spiralfedern wurden die an der Hinterachse pendelnd aufgehängten Kettenhälften abgestützt. 1930 erneuerte Ritscher die unter den Bezeichnungen »MTW-Schlepper« oder »Büffel« vertriebenen Raupen. Drei pendelnde Doppelrollen im Laufrollenkasten stützten jetzt die Kette ab. Dieser Typ »D« wurde mit einem 36-PS-Kämper-Vergaser- oder 36/42-PS-Kämper-Dieselmotor geliefert. Schon 1931 endete die Fertigung. 1942 stellte Ritscher nochmals einen interessanten Prototyp einer Raupe mit dem Kniepkamp-Schachtellaufwerk und 50-PS-Deutz-Dieselmotor vor.

27-PS-Ritscher-Raupe Typ E (1926).

Ritscher-Raupe MTW (1931).

Technische Daten der Ritscher-Raupen

Typ	1. Bauj.	Motor	Z	PS	Kühl.	BxH	Hubr.	Drehz.	Gew.	Getr.	Besonderheiten
»Panther«	1920	Deumo	2	20	W	80 x130	2612	1200		3/1	Prototyp
»Die graue Laus«	1921	Kämper	2	20	W	93 x140	1900	1000	2000	3/1	Prototyp
MTW Typ M	1924	Kämper	4	27	W	90 x140	3563	950	2050	3/1	auch 24,7 PS bei 900 U/min
MTW Typ E	1926	Kämper	4	27	W	90 x140	3563	950	2000	3/1	
MTW	1928	Stock	4	28	W	90,5x140	3618	1000		3/1	
MTW Typ D	1930	Kämper	4	36	W	110 x160	6082	900	2300	3/1	auch 6/2-Getriebe
MTW Typ D	1930	Kämper	4	36/42	W	110 x160	6082			3/1	auch 6/2
MTW R 50	1942	Deutz	3	50	W	120 x170	5768	1350			Prototyp

Erich Röhr Maschinenfabrik GmbH, Landshut (1953).

Im Jahre 1948 trat die Firma Röhr in den Konfektions-Schlepperbau ein und stellte 1953 eine Raupe mit einem Henschel-Sechszylindermotor (Prototyp ?) von 60/65 PS vor. Lenkkupplungen und Lenkbremsen dienten der Steuerung. Vermutlich blieb es bei diesem Einzelstück.

60-PS-Röhr-Raupe, Prototyp von 1953.

Technische Daten der Röhr-Raupen

Typ	1. Bauj.	Motor	Z	PS	Kühl.	BxH	Hubr.	Drehz.	Gew.	Getr.	Besonderheiten
Röhr-Raupe	1953	Henschel	6	60/65	W	90x125	4768	1800		5/1	Projekt

Rotenburger Metallwerk, R. Stierlen KG, Rotenburg a. d. Fulda (1955),

Nach dem Bau von Einachsschleppern ging das Unternehmen 1950 mit der Übernahme der Konstruktionen der Firma Ensinger zum Vierrad-Schlepperbau über. Es sollten Raupenfahrzeuge unter den Bezeichnungen »Saar« (40 PS), »Mosel« (60 PS), »Nahe« (75 PS), »Main« (120 PS) und »Rhein« (150 PS) hinzukommen. Mechanisch oder hydraulisch gesteuerte Lenkkupplungen, vordere Abstützung über ein Federpaket, ein Triebwerksgehäuse und Laufwerkträger in einem geschweißten Stahlblechgehäuse, geschmiedete Ketten und Bodenplatten sowie brenngehärtete Laufwerkteile stellten die Besonderheiten der Raupen dar. Außer der Präsentation des Demonstrationstyps »Saar« ist über eine Produktion nichts bekannt geworden.

40-PS-Rotenburger Metallwerke-Raupe, Typ Saar (1955).

Technische Daten der Rotenburger Metallwerk-Raupen

Typ	1. Bauj.	Motor	Z	PS	Kühl.	BxH	Hubr.	Drehz.	Gew.	Getr.	Besonderheiten
Saar	1955	MWM	3	40	W	100x150	3534	1500			
Mosel	1955	MWM	4	60	W	105x120	4160	2200			
Nahe	1955			75							Projekt
Main	1955			120							Projekt
Rhein	1955			150							Projekt

Egon Scheuch, Landtechnisches Ingenieurbüro, Motor-Aggregate-Bau, Erfurt und Triptis (1945-1947).

Egon Scheuch begann 1935 mit dem Bau eines Einachsschleppers mit einem hinteren abnehmbaren Stützrad. Während des Krieges wurde dieser Kleinschlepper mit hinterer Zusatzachse und einem 25-PS-VW-Motor zu einem Zug- und Transportfahrzeug weiterentwickelt. Nach dem Krieg stellte Scheuch unter Verwendung des VW-Motors und Teilen des Wehrmachts-Kettenkrades einen kleinen Raupenschlepper her, von dem eine kleine Serie mit einem MAN-Schlepper-Dieselmotor versehen wurde. Die Fertigung der Raupen und Kleinschlepper erfolgte bis zum Aufbrauch vorhandener Motoren durch die Firma Bruno Müller (Eisen- u. Maschinenbau, Motor-Aggregate) in Triptis, aus der später das Lenkgetriebewerk Triptis hervorging.

25-PS-Scheuch-Raupe, Typ I von 1945.

Technische Daten der Scheuch-Raupen

Typ	1. Bauj.	Motor	Z	PS	Kühl.	BxH	Hubr.	Drehz.	Gew.	Getr.	Besonderheiten
Scheuch Typ I	1945	VW	4	25	L	75x64	1131	3000		4/1	
Scheuch Typ II	1945	MAN	4	50	W	105x130	4500	1500			

25-PS-Scheuch-Raupe, Typ I von 1945.

50-PS-Scheuch-Raupe, Typ II (1946).

50-PS-Scheuch-Raupe, Typ II mit Verdeck (1946).

Schwäbisches Hüttenwerk GmbH, Wasseralfingen u. Böblingen (1920-1922?).

In den zwanziger Jahren konstruierte die SHW eine kombinierte Rad-Raupe mit 15/16-PS-Kämper-Motor für die »Kleinlandwirtschaft«. Über die in der Mitte quer zum Motor-Getriebe-Block liegende Antriebswelle wurde bei der Radversion die Hinterachse über Ketten, bei der Raupenversion die Vorderachse angetrieben. Das Fahrzeug ließ sich entweder als Rad- oder als Raupenschlepper verwenden. Nur wenige Exemplare scheinen im Auftrag der Schwäbischen Hüttenwerke von der Maschinenfabrik Esslingen gebaut worden zu sein.

Die SHW-Raupe in Radversion.

15/16-PS-Rad-Raupe der Schwäbischen Hüttenwerke (SHW) von 1920.

Technische Daten der Schwäbische Hüttenwerke-Raupen

Typ	1. Bauj.	Motor	Z	PS	Kühl.	BxH	Hubr.	Drehz.	Gew.	Getr.	Besonderheiten
SHW	1920	Kämper	2	15/16	W	90x140	1780	1000	1500–1800	2/1	

R. Stock & Co. AG, Berlin-Niederschöneweide (1926-1934?).

Stock-Raupe mit breiter Spur (1928).

Zwischen der Tragpflug- und der Radschlepperphase der Berliner Firma Stock liegt ein Abschnitt des Raupenbaus. 1925 trat das damals zum schwedischen Richard Kahn-Konzern gehörende Unternehmen mit dem von Georg Heidemann konstruierten »Raupenstock« auf den Markt. Die extrem kurze Kleinraupe besaß ein großes vorderes Treib- und ein kleines Leitrad, wobei es zwei unterschiedliche Radausführungen gab. Eine horizontal angebrachte Druckfeder zwischen Rahmen und Hinterachse sorgte für die Kettenspannung des Raupenantriebs. Der eigene 26/28-PS-Zweizylinder-Vergasermotor war weit vorderlastig eingebaut. Eine Zapfwelle und eine mechanische Hebevorrichtung waren vorhanden. Die beiden Zughaken befanden sich hochliegend im Heck, um zusammen mit der Vorverlegung des Schwerpunktes das Aufbäumen der kurzen Maschine bei Hindernissen zu vermeiden, zumal die Bodenfreiheit bei 38 cm recht hoch lag. Gesteuert wurde der Motorschlepper durch Abbremsen jeweils einer der beiden Differential-Abtriebshälften mittels Scheibenbremsen. Ungewöhnlich war auch die Auslegung des Dreiganggetriebes, das eine Geschwindigkeit von 9,5 km/h zuließ (»Geschwindigkeit eines trabenden Pferdes«). angepriesen werden konnte. Im Krisenjahr 1929 scheint die Fertigung eingestellt worden sein; bis 1934 zog sich der Absatz der restlichen Exemplare hin. Georg Heidemann experimentierte um 1932 mit geländegängigen Personenwagen, wobei anstelle der Hinterräder eine Kettenanlage in der Art der späteren Halbkettenfahrzeuge vorhanden war. Nach dem Krieg war Heidemann an der Entwicklung des Fendt-Geräteträgers beteiligt.

Technische Daten der Stock-Raupen

Typ	1. Bauj.	Motor	Z	PS	Kühl.	BxH	Hubr.	Drehz.	Gew.	Getr.	Besonderheiten
Stock-Raupe RA	1925	Deutz	2	20/24	W	100x140	2198	920	1600–1700	3/1	Prototyp
Raupenstock (»Wendestock«)	1926	Stock	2	26–28	W	120x160	3617	1000	2200–2350	3/1	

»Raupenstock« bei der Holzabfuhr (1930).

26/28-PS-»Raupenstock«, zweite Version von 1930.

Titus

Titus-Traktorenbau Peter A. Titus, Mülheim a. d. Ruhr, Primus-Montagewerk, Worms (1954).

Das Titus-Werk baute seit 1949 den Primus-Radschlepper in Lizenz. 1954 plante das Unternehmen, eine Kettenschlepper-Baureihe von 60 bis 210 PS auf den Markt zu bringen. Einzig zwei Prototypen mit 70 und 105 PS-Motoren sowie Sechsgang-Wendegetrieben sollen montiert worden sein. Nach anderen Unterlagen wurden die Modelle R 60 und R 90 mit großvolumigen MWM-Motoren aus dem Werk Süddeutsche Bremsen AG angeboten. Nach langen Siechtum beendete der Konkurs bei Titus im Jahre 1959 den Fahrzeugbau.

Technische Daten der Titus-Raupe

Typ	1. Bauj.	Motor	Z	PS	Kühl.	BxH	Hubr.	Drehz.	Gew.	Getr.	Besonderheiten
Titus	1954	MWM	2	60	W	140x180	5540	1500		5/1	Projekt
Titus	1954			70	W					6/6	Projekt
Titus	1954	MWM	3	90	W	140x180	8310	1500		5/1	Projekt
Titus	1954			105	W					6/6	Projekt

60-PS-BTW-Raupe KS 07 mit Handanlasser (1952).

63 PS Brandenburg-Raupe KS 30 Urtrak mit Pendelrollenlaufwerk (1958).

IFA Schlepperwerk Brandenburg, Brandenburg a. Havel (1952). VEB IFA Schlepperwerk Brandenburg (1952). VEB Schlepperwerk Brandenburg (1953-1954). VEB Brandenburger Traktorenwerke (1954-1964).

Das einstige Brennabor-Werk übernahm als verstaatlichter Betrieb zunächst die Fertigung von Radschleppern. 1952 wurde dem Werk die Montage des im VEB Schönebecker Schlepperwerk rekonstruierten FAMO- »Rübezahl« mit dem FAMO-Diesel (60 PS) unter der Bezeichnung KS 07 zugeteilt. Wie bei den FAMO-Vorkriegsmodellen besaß der Motor einen Handkurbel-Anlasser mit einem Benzinanlauf und einer Magnetzündung, so dass der Motor nach der Dekompressionphase auf den Dieselbetrieb umgeschaltet werden konnte. Ab 1954 betrug die Leistung 63 PS (Werbemotto »Symbol der Kraft«).

60-PS-Brandenburg-Raupe KS 29 mit Perlonrippen-Gleisband (1956).

Eine Weiterentwicklung stellte der KS 30 »Urtrak« dar, 1956 auf der Leipziger Messe vorgeführt. Anstelle des starren Kastenlaufwerks kam ein gefedertes Pendelrollen-Laufwerk (mit Drehstabfedern für die Pendelblöcke) mit jeweils zwei Laufrollen zum Einbau, das eine bessere Anpassung an Bodenunebenheiten ermöglichte. Der 65 PS stake Motor war ein »Volldiesel« mit elektrischer Startanlage. Wahlweise gab es schmale oder normale Ketten.
Im Rahmen eines RGW-Beschlusses (Rat für gegenseitige Wirtschaftshilfe), der die Raupenfertigung an Betriebe in der Sowjetunion zuteilte, musste das Brandenburger Traktorenwerk 1964 den Raupenbau einstellen.

62-PS-Brandenburg-Raupe KS 07/62, Übergangstyp mit neuer Haube (1957).

Technische Daten der VEB Traktorenwerk Brandenburg-Raupen

Typ	1. Bauj.	Motor	Z	PS	Kühl.	BxH	Hubr.	Drehz.	Gew.	Getr.	Besonderheiten
KS 07	1952	Brandenburg	4	60	W	125x175	8585	1150	5300	4/1	FAMO-Reko-Typ Rübezahl
KS 07/62	1954	Brandenburg	4	63	W	125x175	8585	1150	5300	4/1	dito, auch 5/1-Getriebe
KS 60	1956	KMW Leipzig	2	60	W	85x240	2720	1500			Prototyp, Zweitakt-Gegenkolbenmotor
KS 30 »Urtrak«	1956 - 64	Brandenburg	4	63/65	W	125x175	8585	1150	5200	4/1	
KS 29	1956	Ford	4	60	W	92x105	2797	2200	5260	8/8	Prototyp, Zweitakt-Diesel

VEB Schlepperwerk(e) Schönebeck, Schönebeck/Elbe.
(1952) VEB Schlepperwerk(e) Schönebeck. (1952-1955?)
VEB IFA Traktorenwerke Schönebeck/Elbe.

Das Werk ging 1948 aus dem Zusammenschluss der Metall-Industrie Schönebeck und dem Fahrzeugbau Schönebeck, der ausgelagerten FAMO-Werke und des Junkers-Werkes Schönebeck hervor. Wenn auch zunächst der Fertigungsmöglichkeiten beraubt, so stand das Schönebecker Werk als eine zentrale Forschungs- und Entwicklungsstelle für Traktoren neben den Nordhäuser Fertigungsmöglichkeiten zur Verfügung.

Um 1949 begann der Stamm ehemaliger FAMO-Ingenieure unter der Leitung von Ing. Hendrichs mit der Rekonstruktion des FAMO-Radschleppers und später des FAMO-Raupenschleppers »Rübezahl«. Die Serienfertigung des als Kettenschlepper KS 07 bezeichneten Typs übernahm 1952 das Brandenburger Traktorenwerk.

Eine interessante Konstruktion bildete 1953 der Prototyp KS 06 mit 80-PS-Dreizylinder-Zweitakt-Gegenkolbenmotor des VEB Kraftmaschinenbau Johannisthal in Berlin (ehemaliges Henschel-Flugmotorenwerk). Der KS 06 besaß ein vollgeländegängiges Laufwerk, wobei jedes der vier Laufräder einzeln an einem Schwingarm aufgehängt und durch einen Drehstab abgefedert war. Das Gleisband bestand aus Perlongewebe mit aufvulkanisierten Gummistollen. Das dadurch recht leichte Fahrzeug besaß ein Achtgang-Wendegetriebe. In dem vollverglasten Fahrerhaus war der Sitz um 180 Grad schwenkbar. Allerdings ging das Modell nicht in den Serienbau; dafür wurde die Aufhängungstechnik des modernen Laufwerks in den Brandenburger Serienschlepper KS 30 Urtrak übernommen. 1955 erschien nochmals eine Gummiraupen-Studie mit einer mittig aufgesetzten Fahrerkabine als Erprobungsmuster KS 16.

Bereits 1954 war das Projekt eines Basisfahrzeugs für die Ausrüstung als Rad- oder Raupenschlepper gescheitert. Hendrichs hatte hierfür ein 45-PS-Rumpffahrzeug zur Ablösung des »Pioniers« entwickelt. In der Kettenversion KS 12 wurde das Raupenband über extrem große Leit- und Antriebsräder geführt. Zwei Rollen unten sowie eine Rolle oben stützten das Fahrwerk ab.

Verschiedene Erprobungsmodelle gab es ab 1977 bzw. 1983 vom Radschlepper ZT 300 GB mit einem Gummi-Gleisband, um saatfertige und feuchte Böden vor dem großen Druck der Radschlepper zu schützen. Die Kette wurde bei der einen Version über gleich große Leit- und Antriebsräder (Luftreifenfahrwerk) geführt. Dazwischen war ein drittes, gleich großes Rad zur Abstützung an einer starren Achse pendelnd gelagert. Eine andere Version besaß ein größeres Antriebsrad. Da jedoch die Gewebe-Gleisbänder mit dem einvulkanisierten Gummi nicht verschleißfrei herzustellen waren, wurde die weitere Erprobung zurückgestellt.

Technische Daten der VEB Schlepperwerk Schönebeck-Raupen

Typ	1. Bauj.	Motor	Z	PS	Kühl.	BxH	Hubr.	Drehz.	Gew.	Getr.	Besonderheiten
KS 07	1949/50	Brandenburg	4	60	W	125x175	8585	1150	5300	4/1	Prototyp
KS 06	1952	Johannisthal	3	80	W	85x240	4080	1500	3800	8/8	Prototyp, Zweitakt-Gegenkolbenmotor, Perlon-Gleisband, auch Motor 90x250 mm
KS 06/60	1953	KMW Leipzig	2	60	W	85x240	2720	1500			Prototyp, Zweitakt-Gegenkolbenmotor
KS 12/45	1954		3	45	W			1500			Prototyp
KS 16/60	1955		4	60	W						Prototyp, Perlon-Gleisband
ZT 300 GB	1986	Nordhausen	4	98,3	W	120x145	6580	1800	8600	9/6	Prototypen, Gummi-Gleisband

80-PS-IFA-Raupe KS 06/60 mit Perlongewebeband, Prototyp von 1952.

60-PS-IFA-Raupenprototyp KS 06 mit Perlon/Gummiband (1953).

45-PS-IFA-Raupenprototyp KS 12 (Rad-Raupen-Universaltyp von 1954).

60-PS-IFA-Raupenprototyp KS 16 mit Perlon-/Gummiband (1955).

VEB Mähdrescherwerk Weimar (1961-1962).

Von der üblichen Konstruktionsart der Raupenschlepper wich das Seilzugaggregat SZ 24 des VEB Mähdrescherwerkes Weimar ab: Es war in der Art der Seilpflüge mit zwei Maschinen, einem dazwischen gezogenen Kippflug und großer Seilwindentrommel konstruiert. Der Prototyp war 1957 mit einem 150-PS-Dieselmotor im Traktorenwerk Schönebeck entstanden.

Auf einer als Raupenfahrgestell ausgelegten Plattform waren vorn der Motor und das Fahrerhaus aufgebaut. In der Mitte befand sich die Seiltrommel, hinten war die Plattform durch die Hinterachsbrücke abgeschlossen, in der das als Stirnraddifferential ausgeführte Ausgleichsgetriebe und der beiderseitige Kettenantrieb lagen. Der Motor war ein 180-PS-Diesel vom VEB Motorenwerk Johannisthal (6 KVD 18), der auch in Schiffen Verwendung fand. Die Seillänge betrug 600 m. Der Kippflug vom Typ B 090 und B 091 mit Sicherheitsschild für den Kippflugbediener des VEB Bodenbearbeitungsgeräte Leipzig (früher Rudolf Sack KG) wurde zwischen den zwei eingesetzten Maschinen bewegt.

180-PS-Seilzugaggregat SZ 24 aus Weimar mit Seiltrommel(1962).

180-PS-Seilzugaggregat SZ 24 aus Weimar mit Seiltrommel und Signalgerät (1962).

Technische Daten der VEB Mähdrescherwerk Weimar-Raupen

Typ	1. Bauj.	Motor	Z	PS	Kühl.	BxH	Hubr.	Drehz.	Gew.	Getr.	Besonderheiten
Seilzugaggregat SZ 24	1961/62	Johannisthal	6	180	W	150x180	12700	1500	13600–15800	4/4	
Seilzugaggregat SZ 24	1962	Elbewerk	V12	201	L	120x145	19670	1500		4/4	Prototyp

Wurr

Hamburger Pflugfabrik August Wurr, Hamburg- Volksdorf (1927).

Um 1927 baute dieser Betrieb die Kleinraupe »Wurr«. Ihre Kette wurde über die eng aneinander liegenden, gleich großen Leit- und Treibräder geführt, dazwischen drückten zwei kleine Laufrollen die Kette auf den Boden. Gelenkt wurde über ein Hebelsystem, das die Lenkbremsen betätigte. Ein Serienbau wurde nicht aufgenommen. Mehrfach trat später die Verkaufsgesellschaft Schröder & Wurr in Berlin mit Schlepperkonstruktionen an die Öffentlichkeit.

Kleinraupenmodell der Hamburger Pflugfabrik Wurr (1927).

Gefrat-Raupenlastwagen »RaLaWa« der Gesellschaft für radlose Transportfahrzeuge mit Henschel-Motor. Die Lenkung erfolgte durch Verschieben der Laufräder (1930).

Von Ingenieur Heidemann umgerüsteter Pkw als Halbkettenschlepper (1932).

UNITRAC-Unimog auf Raupenfahrgestell (Typ UT 90), angefertigt bei Tractortecnic, Werk Gevelsberg/Westf. (1972).

Literatur:

Bach, Michael: Schlepper aus Berlin, Berlin 1993

Bauer, Armin: Hanomag-Schlepper, Stuttgart 1989

Bauer, Armin: Kettenschlepper - seit 1912 auf Deutschlands Äckern, Hänigsen 1988

Barsch, Otto: Straßen- und Industrieschlepper, Berlin 1928

Barsch, Otto: Die Motorpflugtechnik, Berlin 1927

Flücht, Heinz u. Blum, Helmut: Schlepper, Handbuch des deutschen Schlepperbaus, Berlin 1941

Franz, Gunther: Die Geschichte der Landtechnik im 20. Jahrhundert, Frankfurt a. Main 1969

Gebhardt, Wolfgang: Taschenbuch Deutscher Schlepperbau, Stuttgart 1987/88

Herrmann, Klaus: Traktoren in Deutschland 1907 bis heute, Frankfurt a. Main, 1995

Pavel, Bertold (Hrsg.): Von Brennabor bis ZF Brandenburg, Berlin 1996

Putze, Oswald: 120 Jahre Linke-Hofmann-Busch, 1939-1959, Bd. III, Braunschweig 1959

Sack, Walter: Alle Traktoren von Hanomag, Typen und Daten, Köln o. J.

Thebis, Reinhold: Traktoren- und Raupenschlepper, Leipzig 1926.